L'APICULTURE NATURELLE

pour les débutants

Diane Jos & Olivier Duprez

L'APICULTURE NATURELLE
pour les débutants

Installer une ruche Warré en ville ou à la campagne

ULMER

SOMMAIRE

Avant-propos 7
L'apiculture naturelle, qu'est-ce que c'est ? 8

LES QUESTIONS QUE L'ON SE POSE AVANT DE SE LANCER 11

Puis-je devenir apiculteur ? 12
- Ai-je les capacités physiques ? 12
- Ai-je le droit d'avoir des ruches ? 12
- Ai-je la place ? 13
- Ai-je le temps ? 13

De quoi ai-je besoin et combien cela coûte ? 13
- Combinaison ou blouson ? 13
- Les gants : en cuir ou en caoutchouc ? 15
- L'enfumoir 15
- La brosse 15
- Le lève-cadres 15
- Pour la récolte 15

Qu'est-ce que cela rapporte ? 16
- Le miel et le miellat 16
- Le pollen 16
- La cire 17
- La propolis 17
- Les autres produits de la ruche 17

Mon miel sera-t-il bio ? 18
- Ne pas confondre apiculture naturelle et apiculture bio 18
- Et la pollution en ville ? 18

Dois-je avoir peur ? 18

PAR QUOI COMMENCER ? 21

Comment se former ? 22
Quelle ruche choisir ? 22
- Les ruches des apiculteurs professionnels 22
- Des ruches différentes, plus simples d'utilisation 23
- LA RUCHE WARRÉ **24**
- LA RUCHE WARRÉ HORIZONTALE **32**
- LA RUCHE KÉNYANE OU TBH **38**
- LA RUCHE TRONC **42**

Où placer ma ruche ? 44
- Le respect de la loi 44
- Le bien-être de l'abeille 44
- Le confort de l'apiculteur 45
- LES HÔTELS À INSECTES **46**

CONNAÎTRE LES FUTURS HABITANTS **51**
Qu'est-ce qu'une colonie? 52
Le développement des abeilles 52
Les trois castes d'abeilles 52
La reine 52
Les ouvrières 55
Les mâles 59
LE CYCLE DE LA VIE D'UNE COLONIE SUR 2 ANS **60**
L'alimentation et les besoins des abeilles 72
L'eau 72
La récolte de pollen 72
Et le nectar devient miel 75
La récolte de la propolis 76
Comment les abeilles communiquent-elles ? 77
La communication visible 77
La communication invisible 79
Un peu d'anatomie 81
Les yeux 81
Le cerveau 81
Les antennes 81
Les ailes 82
Le dard 82

TROUVER DES ABEILLES **85**
Cueillir un essaim 86
Acheter un essaim 89
Les essaims faits ou cueillis au printemps 90

SUIVRE LA COLONIE EN RUCHE WARRÉ **93**
1re intervention au printemps: l'agrandissement 94
Contrôler le risque d'essaimage 96
Observer le couvain 96
2e intervention, début octobre: l'hivernage 98
Isoler la ruche 98
Nourrir les abeilles 99
En hiver 99
3e intervention, le deuxième printemps: l'essaimage 100
4e intervention, l'été : la récolte du miel 100
La pose du chasse-abeilles 100
La récolte du miel 103
Maladies et problèmes 106
Le varroa 106
Les autres maladies 108

LE POLLEN **110**
Index 111

AVANT-PROPOS

Depuis quelque temps, le naturel revient au galop : on mange naturel, on se soigne naturel, on jardine naturel… Et pour l'apiculture ? Est-il possible aujourd'hui de parler d'apiculture naturelle ?

À priori, non. L'apiculture, c'est l'intervention de l'homme dans la vie de l'abeille et de la colonie. Et cela n'a rien de naturel, bien sûr. Ces deux mots sont donc impossibles à associer, un oxymore magnifique. Et pourtant, de nombreux apiculteurs revendiquent cette appellation. Ils sont heureux et fiers de dire qu'ils pratiquent une apiculture naturelle, respectueuse de l'abeille et de l'environnement.

L'apiculture naturelle, c'est pratiquer une apiculture totalement en phase avec le cycle naturel de la colonie. C'est *accompagner* les abeilles plutôt que de les conduire. En toute chose, faire ce que la nature aurait fait si on n'était pas intervenu.

C'est pour vous aider que ce livre a été écrit, et pourquoi pas vous donner l'envie, à votre tour, de mettre quelques ruches dans votre jardin, sur votre balcon ou votre terrasse. Pratiquer une apiculture naturelle, c'est facile, peu onéreux et source de très grands bonheurs.

Il faut avant tout connaître parfaitement le cycle naturel de la colonie et n'intervenir que rarement dans la ruche. Cela fait 135 millions d'années que les abeilles sont sur Terre, et elles n'ont pas attendu l'homme pour se développer, heureusement. Elles savent très bien tout faire sans nous.

Quand les abeilles construisent elles-mêmes leurs rayons, par exemple, elles font exactement ce dont elles ont besoin, et jamais l'apiculteur ne pourra égaler leur savoir-faire. Il est également important que les abeilles se nourrissent de leur propre miel. C'est pour elles un aliment indispensable, qui les nourrira et leur permettra de passer l'hiver sans encombre. Si par instinct d'amassage elles en ont récolté plus que leurs besoins, alors nous pourrons prélever l'excédent.

Un autre point à respecter est le mode de reproduction des abeilles par essaimage. Les colonies se sont toujours multipliées de cette façon, ce qui leur a permis de survivre pendant des millénaires.

Mais le monde change vite, et pas forcément en bien pour les abeilles. Elles ne peuvent pas survivre sans soins dans notre terrible monde moderne, où le climat change, les floraisons se raréfient, la pollution augmente, les pesticides sont partout, les monocultures s'intensifient. Il nous faudra intégrer tous ces facteurs dans notre conduite des ruches, même en apiculture naturelle.

Avant tout, pour bien s'occuper d'une colonie, il est indispensable de savoir comment les abeilles vivent à l'état sauvage, sans intervention humaine. Nous allons donc suivre la vie d'une colonie pendant 2 ans, dans un tronc d'arbre. Les années suivantes, le cycle se répète. Et nous allons faire vivre cette colonie dans notre ruche, et là on pourra vraiment parler d'apiculture.

L'APICULTURE NATURELLE, QU'EST-CE QUE C'EST ?

L'abeille est apparue sur Terre en même temps que les plantes à fleurs, il y a environ 135 millions d'années. D'évolution en évolution, des espèces différentes se sont diversifiées, il y a aujourd'hui plus de 950 espèces d'abeilles en France : de nombreuses abeilles solitaires, comme les collètes, les andrènes, les mégachiles… et quelques abeilles sociales.

Parmi ces abeilles sociales, une seule espèce produit du miel, l'abeille mellifère. Elle produit du miel parce que la colonie est permanente, contrairement aux guêpes, bourdons ou frelons. Il leur faut donc assurer des réserves de nourriture pour l'hiver, le miel.

L'homme a toujours convoité ce miel, qui est la première source de sucre qu'il ait trouvé sur Terre. Mais la cueillette sauvage dans les troncs d'arbre, aléatoire et parfois dangereuse, conduit souvent à la destruction des colonies. Pour des raisons pratiques, l'homme a cherché à rapprocher les abeilles de son lieu de vie, et à les faire vivre dans des contenants faciles à manipuler, les ruches. Ainsi est née l'apiculture.

Les évolutions techniques ont été nombreuses, et l'apiculture de cueillette est devenue une apiculture de rendement, intensive. Cette intensification, au service de l'homme, s'est faite au détriment de l'aspect naturel de la vie de l'abeille. Qui dit intensification dit interventionnisme, besoin de technicité, de matériel, de suivi, mais aussi augmentation de la production. Cela peut se comprendre pour des professionnels, qui doivent vivre de leur activité.

Mais pour des amateurs qui souhaitent simplement s'occuper de quelques ruches et récolter un peu de miel pour leur consommation personnelle, ce modèle d'apiculture est trop contraignant. Nous sommes nombreux aujourd'hui à rechercher un mode de production beaucoup plus simple, qui ne demande que peu d'investissement, peu de matériel et peu de temps. Rien de plus simple que de laisser l'abeille construire elle-même ses propres rayons, naturellement, comme elle l'a toujours fait dans des troncs d'arbres creux, et de la laisser se nourrir de son propre miel. L'apiculteur, lui, ne récoltera que l'excédent de miel.

Ce qui simplifie grandement l'apiculture, c'est que l'abeille fait beaucoup de choses elle-même.
Environ 700 ruches sont déclarées dans la ville de Paris. En France, 80 % des apiculteurs ont moins de 10 ruches. Alors pourquoi pas vous ?

En plein cœur de Paris, dans le 10e arrondissement, nous avons des ruches sur notre toit-terrasse. En milieu complètement urbain et dans un espace limité, cela étonne toujours. Les nombreux visiteurs sont toujours très surpris, d'autant plus que nous leur expliquons que c'est bien plus facile que ce que l'on peut s'imaginer, puisque nous pratiquons une apiculture toute simple.

Constructions de cire dans une boîte carrée.

Ruche dans jardin.

LES QUESTIONS QUE L'ON SE POSE AVANT DE SE LANCER

Puis-je devenir apiculteur ? 12

De quoi ai-je besoin et combien cela coûte ? 13

Qu'est-ce que cela rapporte ? 16

Mon miel sera-t-il bio ? 18

Dois-je avoir peur ? 18

LES QUESTIONS QUE L'ON SE POSE AVANT DE SE LANCER

Puis-je devenir apiculteur ?

Le terme anglais pour apiculteur est *Beekeeper*. Devenir « gardien d'abeilles » n'est pas très compliqué : tout le monde ou presque peut s'occuper de quelques ruches, et en tous lieux. Il suffit d'acquérir les connaissances de base, et de s'équiper un minimum.

Devenir apiculteur n'est ni une question d'âge, ni une question de sexe : de plus en plus de femmes se forment à l'apiculture loisir.

AI-JE LES CAPACITÉS PHYSIQUES ?

Le seul point qui pourrait rendre impossible la pratique apicole, ce serait une allergie forte au venin d'abeilles. En cas de doute, vous pouvez consulter un médecin allergologue. Et il est toujours possible de se faire désensibiliser.

Si les contraintes physiques pour soulever du poids sont limitantes, ce problème disparaît complètement avec les ruches horizontales. Au pire, il faut pouvoir porter 2 kg, le poids d'un rayon plein de miel.

AI-JE LE DROIT D'AVOIR DES RUCHES ?

Tout le monde a le droit de mettre des ruches chez lui, il n'y a aucune demande à formuler. Il faut par contre respecter la loi, qui donne les distances à respecter entre les ruches et les propriétés voisines, et se déclarer

Ruche Warré sur un balcon à Paris.

apiculteur dès la première ruche à la DDPP de son département (voir p. 44).

AI-JE LA PLACE ?

Ce n'est pas très grand, une ruche. La ruche Warré mesure 35 x 35 cm. Il suffit donc de très peu de place pour l'installer : une terrasse, même petite, ou un balcon suffisent largement.

AI-JE LE TEMPS ?

L'un des avantages de l'apiculture naturelle, c'est que l'abeille fait beaucoup de choses par elle-même, et que cela enlève une grosse part du travail. Il y a quelques interventions à faire dans l'année, à des moments précis. Le reste du temps, ce n'est plus que de la surveillance. Il est facile de partir en week-end. Rien n'empêche d'avoir des ruches dans une résidence secondaire où l'on ne va que de temps en temps, par exemple.

Si l'on additionne le temps nécessaire aux interventions sur une ruche Warré tout au long de l'année, on est très vite surpris du peu de temps nécessaire :

- l'agrandissement de la ruche, 15 min.
- la gestion de l'essaimage, 30 min.
- la récolte de miel, 20 min.
- le contrôle avant l'hiver, 10 min.

(sans compter le temps pour s'habiller, l'éventuelle préparation du matériel ou le temps d'attente nécessaire pour laisser couler le miel lors de la récolte...). En temps effectif de travail, c'est 1 h 30 maximum par ruche et par an. Et les heures passées à observer les abeilles aller et venir, ce n'est pas du travail ! (voir p. 92, « Suivre la colonie en ruche Warré »).

Si je pars en juillet ou en août ?

Le gros de l'activité apicole se fait au printemps. C'est beaucoup plus calme en été, ce qui permet de s'absenter plusieurs semaines.

Abeille récoltant du nectar.

De quoi ai-je besoin et combien cela coûte ?

Vous aurez besoin d'une ruche, d'un essaim et d'un peu de matériel :

- Vous trouverez des ruches pour 120-130 €, mais vous pouvez la fabriquer vous-même.
- Le matériel est réduit : une tenue de protection, des gants, un enfumoir, une brosse et un lève-cadres. Avec le développement actuel de l'apiculture amateur, les fournisseurs de matériel apicole proposent des kits débutants, comprenant tout le nécessaire, pour 75 €.
- L'essaim peut coûter entre 120 et 150 €. Si vous avez de la chance, vous en trouverez ou vous serez appelé pour cueillir un essaim sauvage. Dans ce cas, cela ne coûte que le temps passé à le récupérer.

COMBINAISON OU BLOUSON ?

Pour être en sécurité, et se sentir à l'aise, il faut être bien protégé.

- Un voile sur le visage est le minimum indispensable.
- Pour être bien, vous avez le choix entre le blouson ou la combinaison intégrale. Un blouson suffit largement, sauf si vous avez vraiment très

LE MATÉRIEL DE L'APICULTEUR

BLOUSON ET FILET

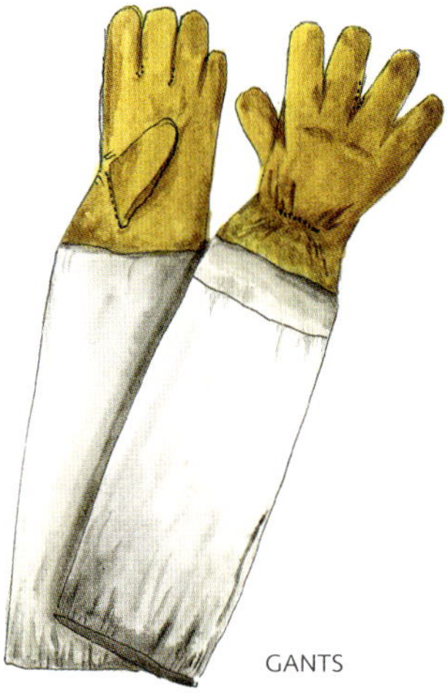

GANTS

BROSSE

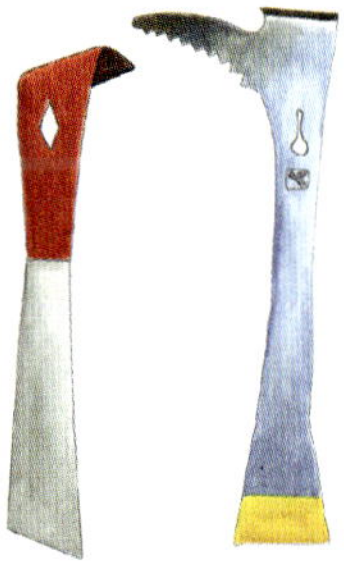

LÈVE-CADRES

ENFUMOIR

CASSEROLE, PASSOIRE
ET ÉCRASE-POMME DE TERRE

BOCAUX
VIDES

peur. Pour éviter que des abeilles ne passent dessous, il suffit de rentrer le bas du blouson dans le pantalon. C'est peu élégant, mais très efficace ! Et vous pouvez aussi rentrer le bas de votre pantalon dans les chaussettes. Cela évitera la sensation très désagréable d'avoir une abeille qui remonte le long de la jambe !

LES GANTS : EN CUIR OU EN CAOUTCHOUC ?

Il est rassurant au début d'utiliser de gros gants en cuir bien épais du commerce apicole, mais ils gênent assez rapidement. Les gants de cuisine en caoutchouc suffisamment épais vous apportent une bien meilleure dextérité, avec une très bonne protection antipiqûres. De plus, ils sont lavables.

L'ENFUMOIR

La fumée, qui doit être blanche et froide, sert à masquer les odeurs (parfois d'alerte !) de la colonie. Une fois enfumée, la colonie est plus calme lors d'une visite avec ouverture et intervention.

Ne mettez dans l'enfumoir que des produits naturels, comme des aiguilles de pin, de l'herbe sèche ou de la paille, des tailles de lavande, de tanaisie ou de mélisse. Le carton ondulé, non imprimé, est aussi très pratique. Les granulés de paille de lavande compressée, vendus en vrac, donnent une bonne fumée également, et se consument lentement.

Pour allumer facilement son enfumoir, il faut un peu d'entraînement, du papier journal ou des mini-bâtonnets allume-feu.

En complément de l'enfumoir, un petit vaporisateur d'eau peut être également utile, pour récupérer des essaims par exemple.

Pour les abeilles « fumée » = « danger ! »

Pour l'abeille, animal sauvage, la fumée est synonyme de danger (feu de forêt) : en cas d'incendie, il faut partir ! C'est aussi un ennemi impalpable, contre lequel il est impossible de lutter. Quand la fumée arrive, les abeilles reculent et se gorgent de miel, vous laissant ainsi tranquilles.

Attention cependant à ne pas abuser de la fumée : les abeilles ont un rythme respiratoire très élevé, et pourraient vite se trouver asphyxiées.

LA BROSSE

La brosse à poils souples permet de pousser délicatement les abeilles. Elle vous servira pour :

- bien vider le carton ou la boîte dans laquelle vous recevrez votre essaim
- balayer les rebords des éléments de la ruche, pour ne pas écraser trop d'abeilles, quand on superpose un élément Warré ou que l'on ajoute une hausse
- débarrasser un rayon des dernières abeilles avant la récolte
- balayer les abeilles d'un essaim sauvage, si vous avez la chance d'en trouver un...

LE LÈVE-CADRES

Cet outil métallique large, fin et très solide, sert à décoller tous les éléments collés à la propolis ou à gratter le bois pour le nettoyer des incrustations de cire, par exemple. Vous pouvez le remplacer par un ciseau à bois, mais il faut en choisir un très large pour ne rien abîmer.

POUR LA RÉCOLTE

Pour l'extraction du miel, vous n'avez besoin que d'une grande casserole, d'une passoire, et d'un écrase-pomme de terre !

N'oubliez pas de mettre de côté des vieux bocaux en verre pour les remplir du miel de votre première récolte.

Qu'est-ce que cela rapporte ?

Avant tout, cela rapporte énormément en termes de plaisir. Quelle joie de voir les abeilles aller et venir, en fonction du temps et des saisons, de les voir butiner sur les fleurs et rentrer à la ruche pleines de nectar et de pollen ! L'apiculture est non seulement un vrai loisir éducatif mais elle permet de se reconnecter à la nature. Le miel que vous récolterez n'aura pas de prix, ce sera le meilleur le miel du monde !
Avec le miel, vous aurez aussi un peu de cire et de propolis, et très occasionnellement, du pollen si vraiment vous le souhaitez.

LE MIEL ET LE MIELLAT

Le miel est un sucre très riche en sels minéraux, vitamines et oligo-éléments, contrairement à tout autre sucre raffiné (canne ou betterave).
Il est fabriqué par les abeilles à partir du nectar des fleurs, un jus sucré que les plantes sécrètent pour attirer les insectes pollinisateurs, chargés de transporter le pollen qui les fécondera.

Ne pas épuiser les réserves

Les abeilles fabriquent du miel pour se nourrir. Il ne faut donc récolter que l'excédent de leur production. La survie de la colonie serait menacée en hiver si vous touchez trop à leurs réserves (la quantité de réserves pour une ruche doit être d'environ 12 kg). Pour les apiculteurs amateurs, la quantité de miel récoltée ne doit pas être le critère absolu. Des abeilles en ruche Warré peuvent ne rien produire les mauvaises années et jusqu'à env. 25 kg les bonnes années. Les facteurs les plus déterminants sont les conditions climatiques et l'environnement.

Le miellat est l'excrétion des pucerons (oui, oui, vous avez bien lu : excrétion !) qui se sont gavés de la sève sucrée des arbres. Les abeilles, comme les fourmis, viennent prendre ce liquide sucré, qui servira à élaborer les miels foncés de sapin, châtaignier ou chêne. C'est dans les zones forestières ou les massifs boisés que l'on rencontre du miel de miellat, parfois appelé « miel de forêt ».

Miellat des pucerons prélevé par une fourmi.

LE POLLEN

Le pollen, poussière fécondante des plantes, est très riche en acides aminés, enzymes et minéraux. C'est un excellent fortifiant, qui stimule les défenses immunitaires, ou soigne diverses pathologies, en fonction des plantes sur lesquelles il est récolté.
Alimentation principale du couvain, il est indispensable à la santé des colonies. Toute récolte de pollen devra être limitée dans le temps, et dans les quantités.

Le pollen récolté par les abeilles sur les fleurs sert à nourir le couvain.

LA CIRE

La cire est fabriquée par les abeilles à partir de leurs glandes cirières. Elle compose les rayons, qui servent d'ossature à la colonie. Pour nous, la cire a de multiples usages, bougies, cosmétiques, encaustique...

Les rayons de cire construits par les abeilles sont toujours d'un blanc éclatant, et c'est en vieillissant que la cire jaunit peu à peu. À chaque cycle de ponte dans une cellule, la cire devient de plus en plus sombre, presque noire dans le cas des vieilles cires (à cause des résidus des cocons larvaires).

Les vieux rayons doivent être enlevés des ruches, et mis à fondre, pour récupérer la cire.

LA PROPOLIS

La propolis, récoltée sur les bourgeons de certains arbres, est un antiseptique naturel. Les abeilles l'utilisent pour tapisser les parois de la ruche, réduire la taille de l'entrée, boucher les fissures et les courants d'air... Si bien que tout l'air intérieur de la ruche est chargé de vapeurs antiseptiques. C'est la santé de la ruche.

Il est facile de récupérer un peu de propolis dans les ruches, ne serait-ce que par grattage des éléments lors de la récolte de miel. Nous l'utilisons essentiellement pour soigner les maux de gorge, mais elle a d'autres vertus, antiseptiques et cicatrisantes.

LES AUTRES PRODUITS DE LA RUCHE

Les autres produits de la ruche, venin ou gelée royale (très revitalisante), sont difficiles à collecter par les apiculteurs amateurs. C'est une production réservé aux apiculteurs professionnels.

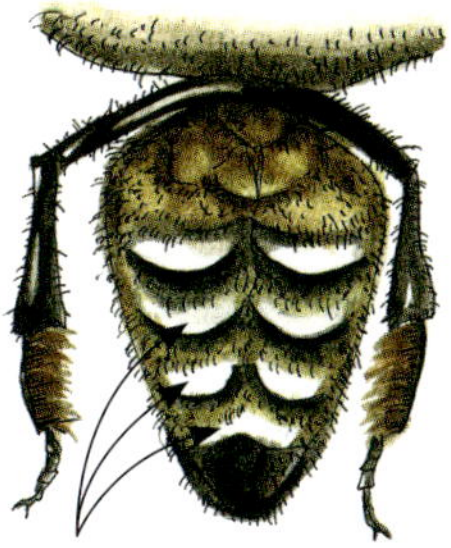

Les glandes cirières se situent sous l'abdomen de l'abeille.

Propolis sur les cadres d'une ruche

Logo certifiant que le produit répond au cahier des charges de l'agriculture biologique.

Mon miel sera-t-il bio ?

NE PAS CONFONDRE APICULTURE NATURELLE ET APICULTURE BIO

Pour prétendre à l'appellation « miel bio », il faut impérativement obéir à un cahier des charges très précis. Il y a des exigences sur les pratiques de l'apiculteur, les produits qu'il utilise et sur ses achats.

La zone de butinage, un cercle d'environ 3 km autour de la ruche, est elle aussi contrôlée. Elle doit être essentiellement constituée de zones propres, indemnes de pesticides, sur une grande partie de la surface que les abeilles explorent.

Un contrôle strict du respect du cahier des charges est effectué régulièrement par un organisme certificateur.

ET LA POLLUTION EN VILLE ?

Cela peut sembler paradoxal, mais aujourd'hui l'abeille est souvent bien plus heureuse en ville ou zone pavillonnaire qu'à la campagne.

Pendant que les campagnes s'appauvrissent de plus en plus, la biodiversité des villes augmente : massifs fleuris, parcs et jardins, alignements d'arbres, fournissent aux abeilles une nourriture diversifiée et abondante.

Les quelques degrés Celsius supplémentaires en ville permettent d'autre part aux abeilles de butiner plus longtemps.

Et il y a beaucoup moins de pesticides dans les villes (Paris, comme beaucoup d'autres villes, s'est engagé dans les pratiques « zéro pesticides »), et les polluants urbains sont beaucoup moins embêtants pour les abeilles que les produits utilisés en agriculture.

Dois-je avoir peur ?

L'abeille n'est pas de nature agressive ! Infatigable travailleuse, elle n'a qu'une chose en tête, sortir pour aller récolter nectar et pollen. Mais elle a également développé des moyens de défense très efficaces : sa piqûre peut être très douloureuse.

Pour ne pas être piqué, il faut :

- placer la ruche dans un endroit tranquille
- ne pas intervenir sans protection
- apprendre à avoir des gestes lents.

En un mot, faire attention.

En cas de piqûre, il faut d'abord enlever le dard. En effet, l'abeille qui pique plante son dard et ne peut le retirer ; elle s'arrache donc l'abdomen et meurt.

Une fois le dard enlevé, pour contrer l'effet du venin, « Apis mellifera » en homéopathie est très efficace. Vous pouvez également appliquer sur la piqûre de l'ammoniac alcali.

Si vous voulez agir plus fortement, des antihistaminiques empêcheront le gonflement des tissus et la formation d'œdème. Ce sont trois produits de base qu'il est bon d'avoir avec soi quand on a des ruches.

En cas de réaction allergique, il faudra utiliser la cortisone ou injecter de l'adrénaline.

Si vous avez des jeunes enfants, par précaution, il est important qu'ils n'aient pas accès aux ruches. Et pas de jeux de ballons dans la zone ! Il n'y a par contre aucun souci avec les animaux domestiques, qui vont très vite comprendre les limites à ne pas dépasser.

Abeilles rejoignant leur ruche à Paris.

N'ayons pas peur ! Seulement 5 % de la population est allergique au venin d'abeilles… moins que les personnes hypersensibles aux ondes électromagnétiques, et ce n'est pas pour autant que nous avons supprimé les téléphones portables, Wi-fi et fours à micro-ondes !

PAR QUOI COMMENCER ?

Comment se former ? 22

Quelle ruche choisir ? 22

Où placer ma ruche ? 44

PAR QUOI COMMENCER ?

Comment se former ?

Depuis quelque temps, de nombreux magasins d'apiculture réapparaissent dans le paysage. Pas une semaine ne se passe sans que l'on parle de l'abeille dans les journaux, à la radio ou à la télévision. Les particuliers, dans le souci de contribuer à l'écologie, souhaitent s'occuper d'abeilles et faire leur propre miel. De plus en plus d'entreprises souhaitent installer des ruches sur leurs toits (parfois juste pour se donner une image « verte » !).
L'engouement actuel pour l'apiculture est réel, l'augmentation du nombre d'apiculteurs amateurs est importante, en France et dans les pays voisins.

Beaucoup apprennent avec un voisin ou un ami, mais des structures de formation et des ruchers écoles existent, avec des durées de formation variables : d'une journée intense pour une initiation à une année complète pour obtenir un diplôme.
On trouve aussi de nombreux ouvrages pour se perfectionner, des lieux d'échanges et des forums sur Internet. La pratique soulève souvent de nouvelles questions. En apiculture, on apprend toute sa vie !
Si vous voulez débuter en apiculture, il va vous falloir au minimum une formation de base.

Choisir son type de formation

- Une formation courte, comme celle que nous proposons au rucher école Villa le Bosquet (stages à Paris et en Normandie), ou plus soutenue *via* les syndicats apicoles départementaux, auxquels il est très intéressant d'adhérer.
- Une formation longue et qualifiante, souvent en CFPPA, pour obtenir un brevet professionnel de responsable d'exploitation agricole (BPREA).

Quelle ruche choisir ?

LES RUCHES DES APICULTEURS PROFESSIONNELS

Sur les nombreux modèles de ruches existants, deux prédominent en France : la ruche Dadant et la ruche Langstroth, du nom de leurs concepteurs.

Théorie et pratique lors d'une journée de stage d'apiculture à Paris.

On trouve la ruche Dadant partout, et la ruche Langstroth dans le Sud. Ce sont surtout des modèles utilisés par les apiculteurs professionnels pour une apiculture intensive. Ce sont de très bonnes ruches qui permettent de produire beaucoup de miel, mais qui sont très exigeantes en interventions, techniques et matériels. Ces ruches existent même maintenant tout en plastique, avec des alvéoles en plastique thermoformé pour obtenir un meilleur rendement (c'est la performance qui est recherchée !).
Ce ne sont pas des ruches faciles pour les amateurs, qui veulent juste avoir une ou quelques ruches, sans avoir à investir dans un matériel onéreux et qui prend de la place (extracteur, bac à désoperculer, etc.).
Il est logique que les amateurs utilisent un matériel différent des professionnels, et heureusement, il existe des ruches plus simples et mieux adaptées.

DES RUCHES DIFFÉRENTES, PLUS SIMPLES D'UTILISATION

Nous affectionnons tout particulièrement **la ruche Warré**, pour sa simplicité de fabrication, de manipulation, son confort, son côté naturel et respect de l'abeille, et enfin son coût très peu élevé.
C'est une ruche à développement vertical, très proche du tronc d'arbre occupé naturellement par des colonies d'abeilles sauvages.
D'autres ruches sont à extension horizontale, comme l'était la ruche Layens, ou comme le sont encore aujourd'hui les ruches traditionnelles africaines. La plus connue de ces ruches est aujourd'hui **la ruche kényane**, ou TBH (*Top Bar Hive*, ruche dont les barrettes font le toit). Pour une question de compatibilité avec nos ruches Warré, et de facilité de manipulation, nous avons développé un modèle de ruche horizontale dans laquelle nous mettons des cadres Warré.

Ouverture d'une ruche avec vue sur des cires blanches, fraîchement bâties.

La ruche Warré

Longtemps délaissée, la ruche Warré se développe beaucoup depuis quelques années, comme symbole du renouveau de l'apiculture amateur et familiale.

La ruche Warré porte le nom de son concepteur, l'abbé Émile Warré (1867-1951). Après la Première Guerre mondiale, la situation du peuple n'était pas brillante, et l'abbé Warré a voulu faire en sorte que tout le monde puisse redévelopper une petite activité apicole. Son souhait était que les gens puissent se nourrir mieux, tout en pratiquant une activité de plein air, saine physiquement et moralement. Il a consacré sa vie à créer un modèle de ruche le plus simple possible, une ruche qui ne demande que peu de temps, pas de matériel, avec un coût très bas et peu de technicité. Destinée à tous, il l'a nommé « la ruche populaire ».

Dans cette ruche, de petits éléments, tous identiques, s'empilent pour reconstituer un volume vertical très proche du tronc d'arbre. Ces éléments sont tous pourvus de barrettes, où les abeilles vont s'accrocher. Elles construisent elles-mêmes leurs rayons, qu'elles fixent aux barrettes, et se développent exactement comme dans la nature.

Ces barrettes peuvent être remplacées par des cadres, ou par des demi-cadres, si vous souhaitez intervenir plus facilement au cœur de la ruche. La plupart des maladies dont peut souffrir la colonie étant des maladies du couvain, il peut être intéressant de pouvoir le contrôler visuellement.

Une modification importante par rapport à la ruche d'origine a été de faire des éléments vitrés. Ces vitres permettent d'observer les abeilles et le développement de la colonie sans ouvrir la ruche, donc sans aucun dérangement pour les abeilles, et sans qu'il soit besoin d'allumer un enfumoir ni de s'habiller.

AVANTAGES :

- Cette petite ruche nécessite peu de place (35 x 35 cm au sol).
- Elle est facile à construire soi-même.
- Elle ne demande aucun matériel complémentaire.
- Pas besoin de matériel pour la récolte (un seau et une passoire suffisent).
- Aucun achat de cire.
- Il y a très peu d'interventions à faire au cours de l'année.
- Elle correspond parfaitement à la biologie de la colonie.
- La vitre arrière permet de surveiller sans déranger.
- Elle est évolutive (barrettes, demi-cadres ou cadres).
- Elle ne coûte pas cher.

INCONVÉNIENTS :

- Au moment de l'agrandissement (1 à 2 fois dans l'année), il faut soulever les éléments qui peuvent peser 12 kg s'ils sont pleins de miel.
- Avec les barrettes, le contrôle du couvain est moins facile.
- Au bout de quelques années, il faut remplacer la vitre (fenêtre) en plexiglas qui perd de sa transparence.

En haut: vue sur l'arrière des ruches Warré avec leur parties vitrées. Ces «fenêtres» donnent une bonne visibilité sur le développement des colonies.

Ci-contre: face avant des ruches, avec vue sur planche et trous d'envol.

Les trois sortes de supports

Cadre complet avec de la vieille cire, foncée.

Demi-cadre bâti par les abeilles.

CADRES OU BARRETTES ?

Il est tout à fait possible d'introduire des cadres dans une ruche Warré classique, tout en restant dans un esprit d'apiculture naturelle.

Avec des cadres, la visibilité à travers la vitre est réduite, mais cela rend possible l'extraction d'un seul rayon. Normalement, il n'y a pas besoin d'intervenir à l'intérieur de la ruche, sauf par curiosité, action pédagogique, ou suivi précis de la ruche. Les cadres permettent de contrôler la présence de couvain et la qualité de ponte de la reine, d'effectuer plus facilement un suivi sanitaire, ou d'estimer plus facilement les réserves de miel.

Certains ne mettent qu'un cadre au milieu de chaque élément, comme Davis Heaf[1] au Pays de Galles, où le contrôle sanitaire est obligatoire. Le cadre peut avantageusement être remplacé par un demi-cadre, c'est suffisant pour que les rayons ne soient pas fixés aux parois de la ruche.

ASTUCE

Pour que les cadres restent mobiles, il faut que les rayons soient bien attachés dessus, et pas en travers. Pour conduire la construction des rayons, vous pouvez fixer une baguette triangulaire sous la tête du cadre ou du demi-cadre. Cela fonctionne très bien, même si au bout du compte, c'est toujours la colonie qui décide !

[1] *David Heaf, docteur en biochimie et apiculteur Warré au Pays de Galles, est le premier à avoir traduit le livre de l'abbé Warré en anglais, ce qui a permis à toute la communauté anglophone de connaître cette ruche et de l'utiliser. Il est l'auteur de plusieurs livres sur le sujet, dont* Natural Beekeeping with the Warré Hive, *en 2013.*

Ce que l'on voit à travers la vitre avec des demi-cadres, des cadres complets et des barrettes.

Différentes formes de constructions de rayons sur des barrettes. La cire de couleur blanche indique qu'elle est de l'année, et fraîchement bâtie. Dans la ruche Warré, les vieux rayons sont en haut, les plus jeunes en bas.

FONCTIONNEMENT ET GESTION

Tout sera décrit en détail plus loin (voir p. 92, « Suivre la colonie en ruche Warré »), mais voici un aperçu rapide. Comme dans un tronc d'arbre qu'un nouvel essaim colonise, les abeilles qui rentrent dans une ruche Warré s'accrochent au plafond et commencent à construire leurs rayons, en descendant, du haut vers le bas. Quand le premier élément est bâti, elles passent au deuxième, puis au troisième, et ainsi de suite.

Le miel est toujours stocké en haut, c'est donc l'élément du haut qui sera récolté en l'été. Cet élément récolté servira à agrandir la ruche (par le bas) l'année suivante.

Une ruche Warré de base est donc constituée de trois éléments, deux pour la vie de la colonie et un troisième qui servira à l'agrandissement quand ce sera nécessaire.

Ruche Warré dans un jardin

Manipulation d'un demi-cadre. En haut, les cellules remplies de miel ; en bas, les ouvrières sur les cellules de couvain ouvertes.

Manipulation d'un cadre complet, rempli en quasi totalité avec des cellules de miel operculées.

SCHÉMA DE CONSTRUCTION DE LA RUCHE WARRÉ

La ruche Warré est constituée d'un plancher, d'éléments que l'on empile, d'un couvre-cadres et d'un toit.

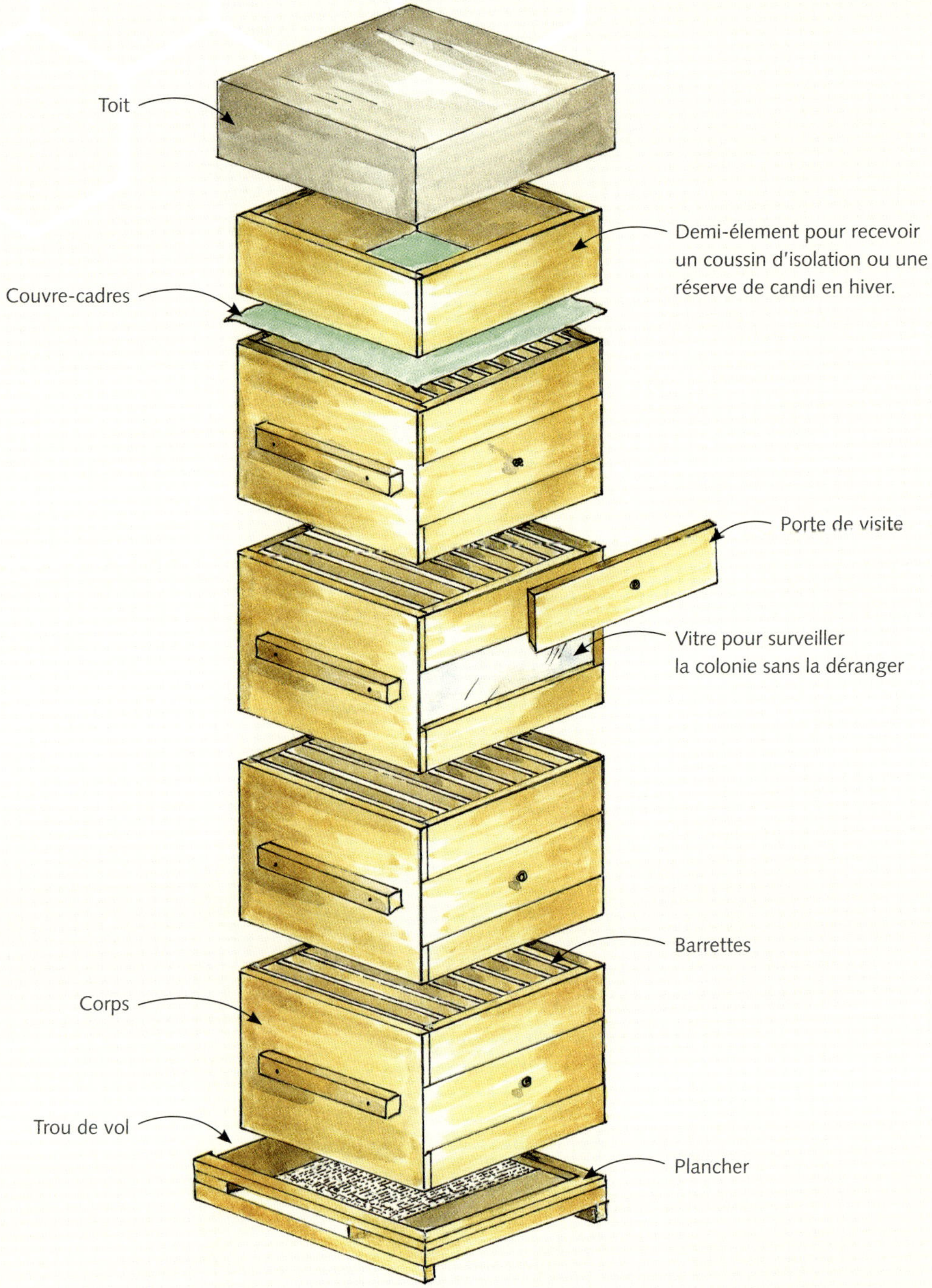

Construction du plancher

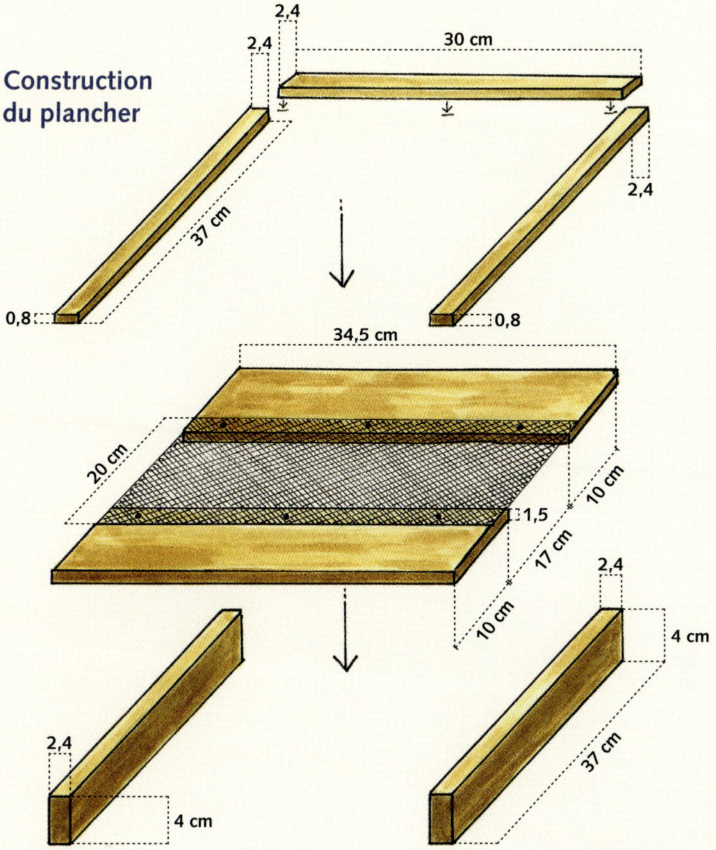

Assemblage d'un corps de la ruche

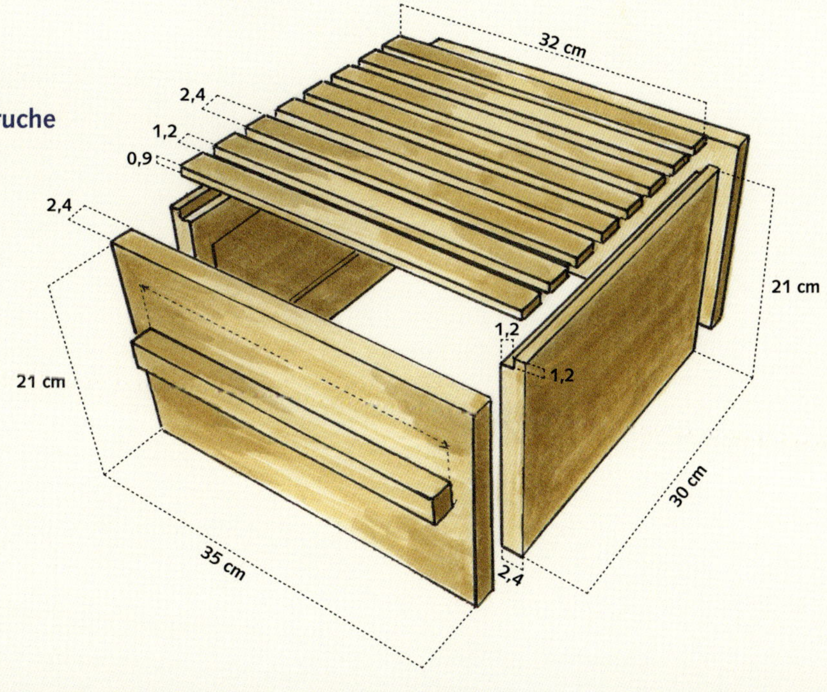

La ruche Warré horizontale

Pour limiter les efforts physiques et permettre un bon suivi de la colonie, tout en préservant un habitat de qualité pour les abeilles, nous avons développé ce modèle de ruche différent.

Comme son nom l'indique, les abeilles remplissent la ruche en construisant elles-mêmes leurs rayons, mais avec un **développement à l'horizontale**. Cette ruche est conçue pour recevoir des demi-cadres ou des cadres identiques aux mesures de la ruche Warré standard, ce qui rend les deux modèles parfaitement compatibles.

Pour la concevoir, nous nous sommes inspirés des ruches Layens et alsaciennes, des ruches kényanes ou TBH, des extensibles de Maurice Chaudière, ainsi que d'un modèle allemand, l'Einraumbeute.

Cette ruche permet de **pratiquer l'apiculture sans aucun effort physique**, ce qui permet à tout le monde d'avoir des ruches. Que l'on soit faible physiquement, souffrant du dos, handicapé, peu importe.

C'est une ruche qui convient très bien aux débutants, par sa facilité de manipulation, comme aux apiculteurs plus chevronnés. Les cadres, accessibles toute l'année, permettent beaucoup de pratiques apicoles.

AVANTAGES :

- Très grande facilité et confort de manipulation (l'apiculture est possible pour tous).
- Le poids maximum à soulever est de 2 kg (le poids d'un rayon plein de miel).
- Très bon confort de vie pour les abeilles.
- Il est possible de prélever du miel par petite quantité, un rayon à la fois.
- Pas besoin de matériel pour la récolte (un seau et une passoire suffisent).
- Aucun achat de cire.
- Une certaine visibilité par la vitre du dessus.
- Avec les cadres ou demi-cadres, les visites de contrôle sont faciles.
- Compatibilité avec les ruches Warré classiques.

INCONVÉNIENTS :

- Elle occupe plus de place au sol (110 cm de long x 60 cm de large).
- L'agrandissement par ajout de nouveaux cadres doit être fait progressivement, il faut donc être présent au printemps et intervenir régulièrement.
- Son grand volume la rend difficile à déplacer.

FONCTIONNEMENT

Comme pour toutes les ruches, il faut la peupler, puis agrandir le volume intérieur quand la colonie se développe, surveiller et contrôler l'essaimage, récolter le miel, et enfin préparer un bon hivernage.

Le peuplement de la ruche

Le peuplement de la ruche se fait simplement, en plaçant un essaim à l'intérieur, ou par transfert de cadres dans le cas d'un essaim acheté. Selon la taille de l'essaim, un volume intérieur de 6 à 8 cadres suffit.

Une séparation pleine limite le volume intérieur dans lequel la colonie va se développer. Son déplacement permettra d'agrandir ou de réduire facilement ce volume. **L'agrandissement se fera ainsi de façon progressive,** mais ne modifiera en rien la répartition de la chaleur dans la ruche. C'est un gage de confort important pour toute la colonie. Une ouverture réalisée en bas de la partition permettra d'insérer un nourrisseur d'entrée de ruche, si vous devez nourrir cet essaim avec du sirop.

Si vous avez des petits essaims, il est possible d'en mettre deux dans cette ruche, un à chaque extrémité. Chacun devra être séparé par une partition. Et quand ils se développent, vous en transférerez un dans une autre ruche.

Si la colonie qui peuple la ruche est très vigoureuse, et qu'elle tend à occuper tout l'espace disponible, vous avez deux solutions :

- prélever quelques cadres et faire un essaim
- agrandir la ruche. Cet agrandissement se fera par le dessus, en posant un, deux ou trois demi-éléments. Les abeilles, bloquées dans leur évolution horizontale, vont tout de suite construire de beaux rayons dans ces demi-éléments et y mettre du miel. Ce miel pourra être récolté avec la cire et consommé tel quel, c'est le fameux miel en brèches, ou en rayons, que l'on trouve assez habituellement dans les pays du Sud.

La surveillance visuelle ne se fait pas par l'arrière, mais par le dessus. Ici, une ruche Warré horizontale vide.

La construction

Les abeilles construisent vite, parfois très vite. Pas besoin d'ouvrir la ruche pour les contrôler, il suffit de soulever le toit. Quand les rayons s'approchent de la partition, il suffit pour agrandir le volume intérieur de la décaler d'un ou de deux cadres. Il ne faut pas agrandir trop à chaque fois, cela risquerait de générer des constructions anarchiques. Une colonie forte peut parfois demander deux agrandissements par semaine, au début. Il faut bien surveiller que les abeilles construisent

Ce que l'on voit par la vitre du dessus.

leurs rayons parfaitement dans les cadres, c'est impératif pour qu'ils restent mobiles.

Avant l'hiver, contrôler les réserves

Avant l'hiver, il est facile de mesurer les réserves accumulées par la colonie. Il suffit de compter les cadres de miel, et d'en peser un. Vous aurez ainsi une idée assez précise de ce qu'il y a dans la ruche. S'il n'y en a pas assez, fixez un pain de candi sur un cadre, et placez-le au bout de la ruche, du côté opposé à l'entrée.

Au printemps suivant, limiter l'essaimage

Au printemps suivant, la colonie recommence à se développer, et risque d'essaimer. Vous pouvez aisément contrôler si le processus d'essaimage a démarré. Sur la ruche Warré horizontale, les pratiques apicoles se rapprochent de celles de l'apiculture avec cadres. **Ce contrôle se fait tous les 8 jours :** en sortant cadre par cadre, vous pourrez observer si les abeilles ont commencé à bâtir des cupules ou bouchons, qui deviendront les futures cellules royales. La présence de larves dans ces cellules agrandies vous indiquera que l'essaimage va avoir lieu ! Dans ce cas, prélevez trois cadres de couvain, dont le cadre avec une cellule royale, deux cadres de miel, et mettez-les dans une autre ruche horizontale (ou dans une ruche Warré, compatible). Vous venez de faire un essaim par prélèvement de cadres. Après les deux nuits de confinement, vous pourrez le remettre au rucher.

À la fin de l'été, récolter

La colonie souche continue à se développer, et va faire du miel. En fin d'été, la récolte se fait en prélevant des cadres de miel, les abeilles étant brossées pour retourner dans la ruche. Ces rayons seront écrasés dans une passoire pour récupérer le miel. **Veillez à ce que la colonie ait ses 10 kg pour l'hiver,** vous pouvez prélever le reste. L'une des particularités de cette ruche, c'est qu'il est possible de ne prélever qu'un cadre de miel, à tout moment de l'année. Ou de faire la récolte après l'hiver, en enlevant tout le miel que les abeilles n'ont pas consommé.

ISOLATION

La surface de la ruche étant importante, il est nécessaire d'avoir une très bonne isolation en partie haute, pour éviter les pertes thermiques.

SCHÉMA DE CONSTRUCTION

La ruche Warré horizontale est composée d'un corps de ruche, qui accueille des cadres Warré ; d'un plancher entièrement grillagé mais fermé contre les courants d'air ; de couvre-cadres transparents pour une bonne visibilité et d'une isolation très performante sous le toit.

Construction du corps de la ruche avec pieds

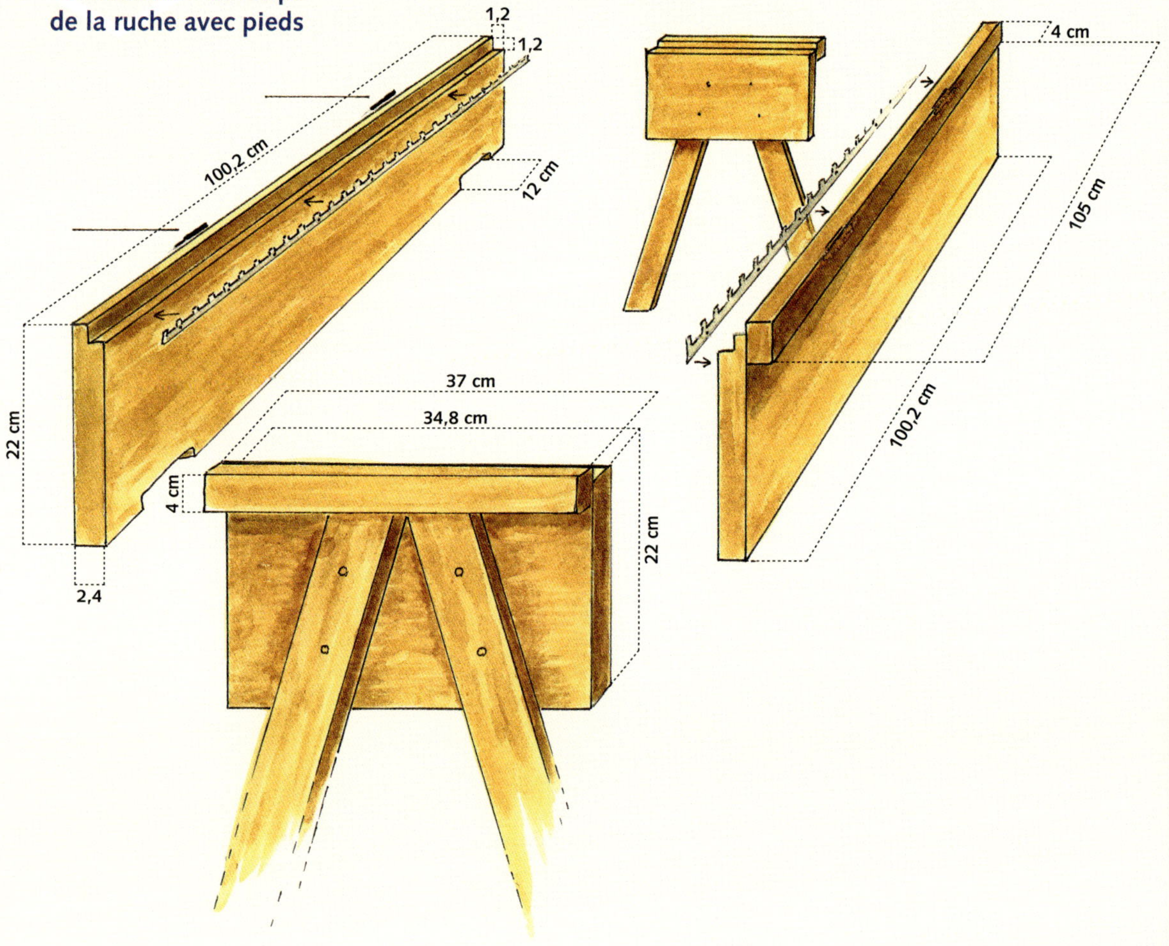

Plancher grillagé du fond de la ruche avec sa glissière pour recevoir la planche d'hivernage (à droite)

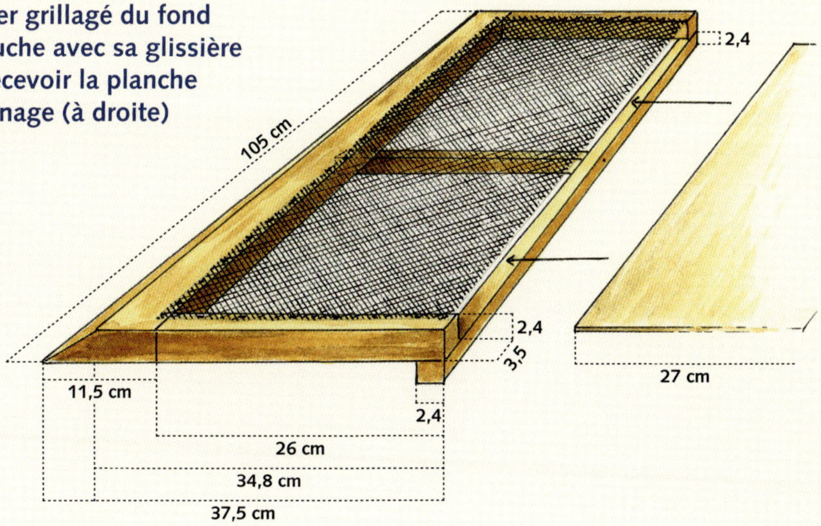

Construction du toit

Un plexiglas de 4 mm sert de couvre-cadres tout en permettant la visibilité.

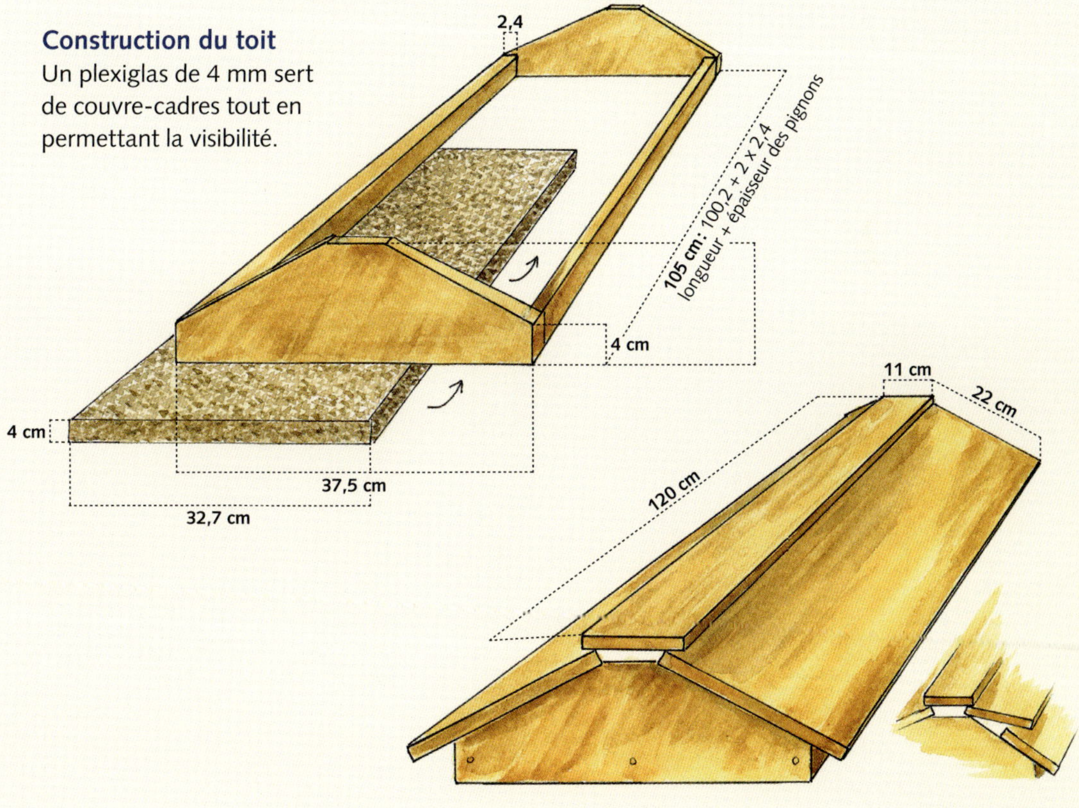

La ruche kényane ou TBH

La ruche kényane ou TBH (*Top Bar Hive* signifie « ruche dont les barrettes font le toit », puisque les larges barrettes forment en se joignant le toit de la colonie) est une très bonne ruche, complètement naturelle.

Inspirée des ruches troncs horizontales utilisées en Afrique, elles ont été améliorées pour une pratique apicole plus élaborée.
Cette ruche a été développée par une ONG canadienne au Kenya, d'où son nom. Et un anglais, Phil Chandler, l'a popularisée. Sa particularité est d'avoir des parois inclinées de 120°, ce qui évite que les rayons ne soient fixés sur les parois (c'est le même angle que celui d'une alvéole). Les rayons n'étant pas fixés, ils resteront mobiles, sans qu'il n'y ait besoin de cadres. Une vitre à l'arrière permet l'observation.

FONCTIONNEMENT

Tout se passe de la même façon que sur les ruches horizontales à cadres Warré, surtout pour le modèle tanzanien. L'entrée au milieu sur la kényane fera que la colonie se développe autant vers la droite que vers la gauche, il faut en tenir compte lors de l'agrandissement. Le modèle tanzanien est plus facile à gérer, surtout pour un débutant.

Vue sur les constructions à l'intérieur d'une ruche kényane.

AVANTAGES :
La ruche kényane présente les mêmes avantages que la ruche horizontale à cadres Warré, avec cependant une construction un peu plus délicate, à cause de l'inclinaison des parois.

INCONVÉNIENTS :
- Les mêmes que la ruche horizontale à cadres Warré, mais en plus, les rayons sont un peu plus difficiles à manipuler et fragiles, surtout quand ils viennent d'être construits.
- Il n'y a aucune visibilité possible par le dessus, puisque les barrettes sont jointives, il faut faire une fenêtre à l'arrière.
- Elle n'est compatible avec aucune autre ruche, excepté une autre kényane.

Ce que l'on voit travers la vitre arrière

Manipulation d'une barrette

Ouvrières sur nouvelle construction de cire fraîche

SCHÉMA DE CONSTRUCTION

Différentes variantes de cette ruche existent, selon que l'entrée est au milieu (modèle ruche kényane) ou sur l'un des petits côtés (modèle ruche tanzanienne). Le développement de la colonie se fera donc dans les deux sens pour la kényane, et dans un seul pour la tanzanienne.

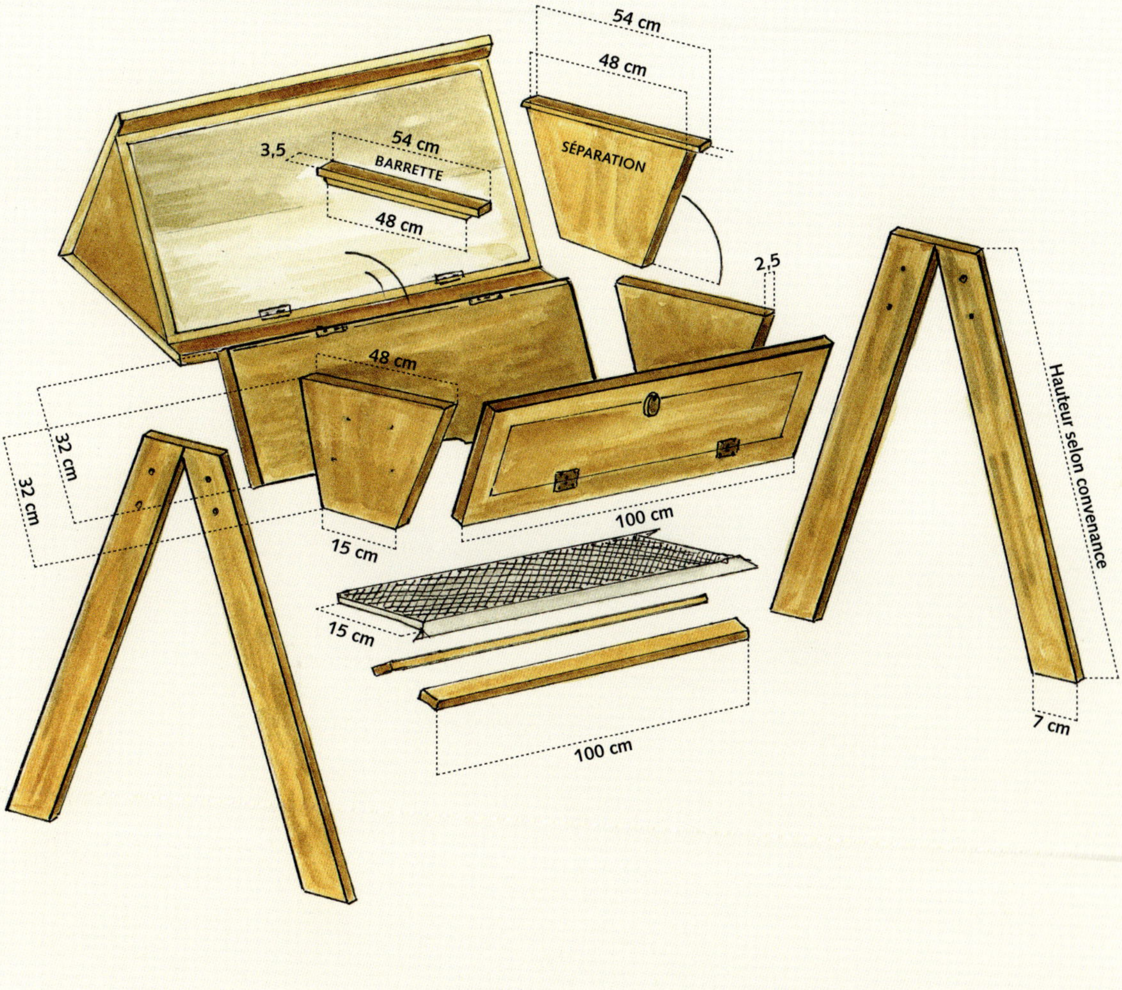

La ruche tronc

L'avantage des ruches troncs est de favoriser l'essaimage naturel. Ouvertes en haut, après avoir enlevé la lauze qui les recouvre, les ruches troncs donnent accès au miel. C'est une vraie forme d'apiculture naturelle.

Cette pratique apicole est cependant difficile, voire impossible, en ville, car elle suppose de creuser les arbres encore vivants (et en hauteur) des boulevards. Une alternative, toujours contraignante, est de poser presque au sol et de creuser des grands morceaux de troncs d'arbres. L'accès est certes facilité mais le poids des ruches et surtout l'essaimage naturel limitent fortement son usage en ville.

Dans les forêts de l'Est de l'Europe, et chez les Bachkirs dans le Sud de l'Oural, les ruches sont parfois encore creusées dans des arbres vivants, à plusieurs mètres de hauteur, ce qui était également pratiqué chez nous au Moyen âge. C'est la disparition des ours qui a permis de descendre les ruches au niveau du sol. À l'initiative du « Natural Beekeeping Trust », quelques arbres ont été creusés récemment en Pologne, Allemagne, Suisse, Belgique, Angleterre et France, pour remettre des colonies sauvages dans les arbres. L'association « L'arbre aux abeilles » œuvre magnifiquement pour la conservation et la redécouverte de ce patrimoine apicole.

UN PEU D'HISTOIRE

Le mot « ruche » vient du gaulois *rusca*, qui signifie écorce. Les ruches étaient initialement faites dans des troncs d'arbres creux, reproduisant parfaitement l'habitat naturel des colonies.

Ruches dans des troncs de chataîgnier dans les Cévennes.

Ruche tronc

Où placer ma ruche ?

Une fois en possession d'une ruche, il va falloir lui trouver une place. Il y a quelques critères à prendre en compte : le respect de la loi, le bien-être de l'abeille, les besoins de l'apiculteur et l'espace disponible.

LE RESPECT DE LA LOI

C'est le Code rural qui encadre la pose des ruches, dans ses articles 211-6 et 211-7, dont vous trouverez l'essence dans l'encadré ci-dessous. Si vous êtes copropriétaires, vérifiez que vous n'êtes pas assujetti à un règlement plus restrictif.
Les mairies prévoient souvent une distance de 3 à 50 m entre la ruche et le voisinage, mais la pose d'une clôture, même légère (bambous, palissades, haie vive, planches jointes...) permet de réduire la distance entre vos ruches et les voisins à 2 mètres seulement. Il y a donc très peu d'endroit où la pose d'une ruche n'est pas possible.
Dès la première ruche, vous devez vous déclarer en tant qu'apiculteur. La déclaration est à faire à la DDPP(CS) du département, sur papier (CERFA n° 13995) ou sur internet sur le site téléruchers (https://identification.agriculture.gouv.fr/login?service=https://alim.agriculture.gouv.fr/TeleRuchers/faces/index.jsp).
Vous recevrez un numéro d'apiculteur, à apposer sur les ruches ou à l'entrée du rucher, sauf si celles-ci sont placées à proximité de votre domicile ou dans une propriété close et gardée.
La loi n'impose (malheureusement) pas d'assurance pour les ruches. Il est néanmoins important d'assurer ses ruches, au moins pour les dégâts causés aux tiers. La responsabilité civile de votre habitation couvre ce risque, mais pensez à prévenir votre assureur.
Si vos ruches ne sont pas sur votre propriété, il faudra souscrire un contrat spécifique. Les syndicats apicoles départementaux, auxquels il est bon d'adhérer, ont tous un contrat d'assurance auquel il est facile de souscrire, pour quelques centimes d'euros.

Ce que dit la loi (art. 211-6 et 211-7 du Code rural)

Les préfets déterminent, après avis des Conseils généraux, la distance à observer entre les ruches d'abeilles et les propriétés voisines ou la voie publique.
Les maires prescrivent aux propriétaires de ruches toutes les mesures qui peuvent assurer la sécurité des personnes, des animaux, et aussi la préservation des récoltes et des fruits. À défaut d'arrêté préfectoral, les maires déterminent à quelle distance des habitations, des routes, des voies publiques, les ruchers découverts doivent être établis.
Toutefois, ne sont assujetties à aucune prescription de distance les ruches isolées des propriétés voisines ou des chemins publics par un mur, une palissade en planches jointes, une haie vive ou sèche, sans solution de continuité. Ces clôtures doivent avoir une hauteur de 2 m au-dessus du sol et s'étendre sur au moins 2 m de chaque côté de la ruche.
Le maire ou le préfet peut refuser l'installation de ruches dans des zones à risques, quelle que soit la distance des ruches.

LE BIEN-ÊTRE DE L'ABEILLE

Il n'est pas très difficile de prendre en compte les besoins de l'abeille. La ruche doit être posée dans un environnement calme, au soleil le plus longtemps possible dans la journée, et orientée vers le soleil : est, sud, sud-est. Les endroits ombragés, venteux et humides ne seront pas recommandés.
La ruche sera isolée du sol par un rang ou deux de parpaings.
Un espace dégagé devant la ruche facilitera les décollages et atterrissages, qui sont nombreux !
Pour déterminer l'emplacement idéal, vous pouvez également tenir compte des énergies positives ou négatives émises par la Terre. La géobiologie[1], le feng shui en Orient, n'est pas à négliger dans le choix du lieu de pose d'une ruche. Si vous le pouvez, formez-vous à la géobiologie, ou faites intervenir un géobiologue, au rucher comme dans la maison.

Attention aux excès, de vent ou de soleil ! Dans le Sud de la France, les ruches sont plutôt mises à mi-ombre. Les trop grandes chaleurs peuvent être préjudiciables à la colonie. L'idéal étant qu'elles aient le soleil le matin, le soir, mais pas en plein midi. L'aplomb de grands arbres peut très bien convenir. En milieu urbain, les toits d'immeubles sont souvent exposés à tous les vents. Une protection sur trois côtés devra être installée pour protéger la ruche. Le vent permanent est bien trop refroidissant.

LE CONFORT DE L'APICULTEUR

Il ne faut pas que la ruche vous gêne dans l'occupation de votre espace, que ce soit une terrasse, un jardin ou un rebord de balcon.

Devant la ruche, un cône d'envol, lieu de nombreux passages, doit être réservé aux abeilles. Les ruches seront idéalement situées dans un endroit isolé du jardin, ou en bordure sur le côté du balcon ou de la terrasse.

À noter qu'il n'y a aucun passage d'abeilles derrière la ruche.

[1] La géobiologie est la discipline qui prétend traiter des relations de l'environnement, des constructions et du mode de vie avec le vivant, de l'ensemble des influences de l'environnement sur le vivant, et notamment des ondes liées aux champs magnétiques et électriques, courants d'eau souterraine, réseaux dits géobiologiques, failles géologiques, etc.

Les hôtels à insectes,

une autre manière d'accueillir des abeilles sauvages

La France compte 950 espèces d'abeilles différentes, appelées abeilles sauvages. Beaucoup sont des abeilles solitaires. Certaines vivent en société temporaire, mais une seule en société permanente, l'abeille mellifère, que l'on élève en ruches et qui produit du miel.

Dans pratiquement tous les cas, toutes espèces confondues, ces abeilles nourrissent également leurs larves avec du pollen et du nectar, concourant ainsi d'une façon importante à la pollinisation des végétaux.

Pratiquer l'apiculture naturelle, c'est aussi s'ouvrir de façon plus vaste au monde des insectes. Un monde que l'on côtoie tous les jours mais auquel on ne prête guère attention, alors qu'il n'y aurait pas de vie possible sur Terre sans lui.
Le plus grand service écologique rendu par l'abeille mellifère, on le sait aujourd'hui, est la pollinisation. Mais il y a de nombreux autres insectes pollinisateurs, les plus performants se trouvant dans la grande famille des abeilles au sens large. Pour accueillir ces pollinisateurs, il faut leur procurer un lieu de vie et de quoi se nourrir :

- Pour la nourriture, ce n'est pas très compliqué, des fleurs mellifères en grand nombre, sauvages ou cultivées, le plus longtemps possible dans l'année.
- Pour l'hébergement, il faut tenir compte de leurs modes de vie. Et nombreux sont les insectes pollinisateurs qui cherchent à pondre dans des petites cavités ou tunnels. Sous les fenêtres, par exemple, dans le petit trou servant à évacuer l'eau.

Une osmie cornuta finissant la fermeture d'un nid avec de la terre. L'osmie cherche toujours une cavité horizontale, puisque au contact de la pluie, le mortier tomberait dans une cavité verticale qui se remplirait d'eau.

Vue interne d'un nid d'osmie (les larves sont fixées par le pied et courbées en arc). Chaque larve a suffisamment de réserves : un mélange de pollen et de nectar. Dans le fond de la tige se développent les femelles (œufs fécondés), et vers la sortie, les mâles. Ces derniers laissent ainsi la voie libre à leurs sœurs, quand elles sont prêtes à quitter le nid à leur tour.

Osmie crochue sur une fleur de campanule

Osmie dorée femelle sur une fleur

Osmie rousse en vol devant le trou d'évacuation d'eau de la fenêtre d'une maison. Elle apporte du pollen dans son nid pour nourrir ses larves.

HOTEL

Bien souvent, si ce trou est bouché par de la terre, une osmie est venue pondre, a déposé du pollen et du nectar, et a fermé la cavité (chaque femelle est seule dans son tunnel, il n'y a pas de société). L'année suivante, plusieurs osmies vont sortir, qui vont chercher à pondre et à stocker pollen et nectar, accomplissant ainsi la pollinisation de nombreuses fleurs.

Il est facile d'héberger de nombreux insectes pollinisateurs, en posant des hôtels à insectes au jardin ou sur sa terrasse. Ce sont des cavités de tailles variées, de 3 à 10 mm de diamètre, que l'on réunit dans un même lieu. Sources de vie, ces hôtels sont également propices à de nombreuses et belles observations. En plus de lieux de nidification, ils permettent aussi l'hivernage d'insectes variés, papillons, coccinelles, etc., qui vous enchanteront dès le printemps revenu.

LES PLANTES MELLIFÈRES

Sur environ 6 000 plantes référencées dans l'herbier francais, quelque 600 sont visitées et butinées par les abeilles !
Toutes les plantes à fleur, ou presque, produisent du pollen, mais pas toutes du nectar. Alors que le pollen représente les gamètes mâles de la plante, indispensables à la fécondation, le nectar n'est fabriqué que pour attirer les insectes qui, de façon bien involontaire, vont aider à disséminer ce pollen d'une fleur à l'autre.
Les plantes qui confient leur pollen au vent pour sa dissémination, les anémophiles, n'ont donc pas besoin de sécréter du nectar.
Les abeilles, comme tous les insectes pollinisateurs, ont besoin d'être bien nourries, et donc d'avoir à leur disposition de nombreuses plantes mellifères.
Dans vos balconnières, jardinières, massifs, plantez des espèces mellifères. Veillez à choisir des arbres, arbustes, espèces potagères et plantes à massifs mellifères, et si possible qui fleurissent tout au long de l'année. Optez pour une haie fleurie plutôt qu'un mur. Multipliez les sources de nourriture !
Mais attention, les plantes modernes, très sélectionnées, sont de moins en moins mellifères, voire plus du tout pour certaines : vérifiez bien avant de faire votre choix que l'espèce choisie est la bonne. Plus vous serez près de l'espèce sauvage d'origine, et mieux ce sera. Ce n'est pas un hasard si les abeilles raffolent des « mauvaises » herbes et des espaces rustiques !
Et surtout, n'utilisez jamais d'insecticide ou de pesticide !

Chaque insecte a ses préférences quant à la matière et la taille de son hébergement : les abeilles solitaires (osmies) préfèrent les tiges de bambou ; les bûches percées constituent un abri pour beaucoup d'hyménoptheres et de guêpes solitaires.

CONNAÎTRE LES FUTURS HABITANTS

Qu'est-ce qu'une colonie? 52

Le développement des abeilles 52

Les trois castes d'abeilles 52

L'alimentation et les besoins des abeilles 72

Comment les abeilles communiquent-elles? 77

Un peu d'anatomie 81

CONNAÎTRE LES FUTURS HABITANTS

Un peu d'histoire
Les plus vieilles abeilles trouvées sur Terre, fossilisées dans de l'ambre, sont datées de la fin du Crétacé, il y a 65 millions d'années. Il y en avait peut-être avant, mais on n'en a pas trace. L'Homme, lui, est apparu il y a seulement 2 millions d'années !

Avant de vouloir s'occuper d'une ruche, il faut en connaître les habitants, et savoir comment ils vivent à l'état naturel, sans intervention humaine.

Qu'est-ce qu'une colonie ?

Le comportement social exemplaire des abeilles a depuis toujours étonné et fasciné l'homme.
Il y a deux niveaux dans une ruche :
- le niveau individuel, les abeilles,
- et le niveau sociétal, l'ensemble des abeilles fédérées en groupe indissociable, la colonie.

Une colonie est constituée d'une reine, de très nombreuses ouvrières (jusqu'à 50000) et au printemps des mâles (entre 4000 et 5000). Dans cet ensemble, chacun a son rôle, au service du groupe.
Dans une ruche, il n'y a pas 30000 ou 50000 abeilles, il y a un seul être vivant, la colonie, constituée de l'ensemble des abeilles présentes.
Il ne faut pas considérer les abeilles isolément, car aucune ne peut vivre seule, mais comme des éléments constitutifs de la colonie. Chaque colonie est un individu à part entière, animé d'un esprit supérieur, commun et collectif, que J. Tautz[1] a décrit comme un mammifère très évolué.
Tous les habitants de la ruche, reines, ouvrières et mâles sont des éléments quasi interchangeables qui vivent plus ou moins longtemps, mais la colonie demeure en permanence.

[1] *Jürgen Tautz, professeur au centre de biologie de l'université bavaroise Julius-Maximilian, est l'auteur du livre* L'étonnante abeille. *Cet ouvrage fait référence en apiculture, car jamais l'abeille et la colonie n'avaient été décrites de façon aussi claire et complète.*

Le développement des abeilles

Les abeilles, comme tous les insectes, passent par **trois stades d'évolution** distincts avant l'émergence et donc le stade d'adulte : l'œuf, la larve, puis la nymphe.
- L'œuf est un bâtonnet blanc, que la reine colle au fond de l'alvéole. L'œuf évolue et donne naissance à la larve.
- La larve, couchée au fond de l'alvéole, baigne dans la gelée nourricière ou la gelée royale, dont elle se nourrit. Elle mue plusieurs fois avant d'évoluer en nymphe.
- La nymphe, après que la cellule a été fermée par une plaque de cire, l'opercule, mue une dernière fois, tisse un cocon et se transforme jusqu'à l'émergence de l'abeille adulte.

Les trois castes d'abeilles

LA REINE

La reine se distingue par sa taille d'environ 18 à 20 mm (une ouvrière mesure environ 15 mm). Elle est la seule femelle fécondée, la seule à pondre. C'est la mère de toute la colonie. C'est elle également qui fédère le groupe, qui empêche le développement sexuel des ouvrières.
Sa présence est indispensable : aucune ruche ne peut vivre sans reine. Quand elle est trop âgée, ou qu'elle ne peut plus pondre, la colonie la remplace en élevant une nouvelle reine. Il suffit pour cela de nourrir une jeune larve

LE DÉVELOPPEMENT DES ABEILLES

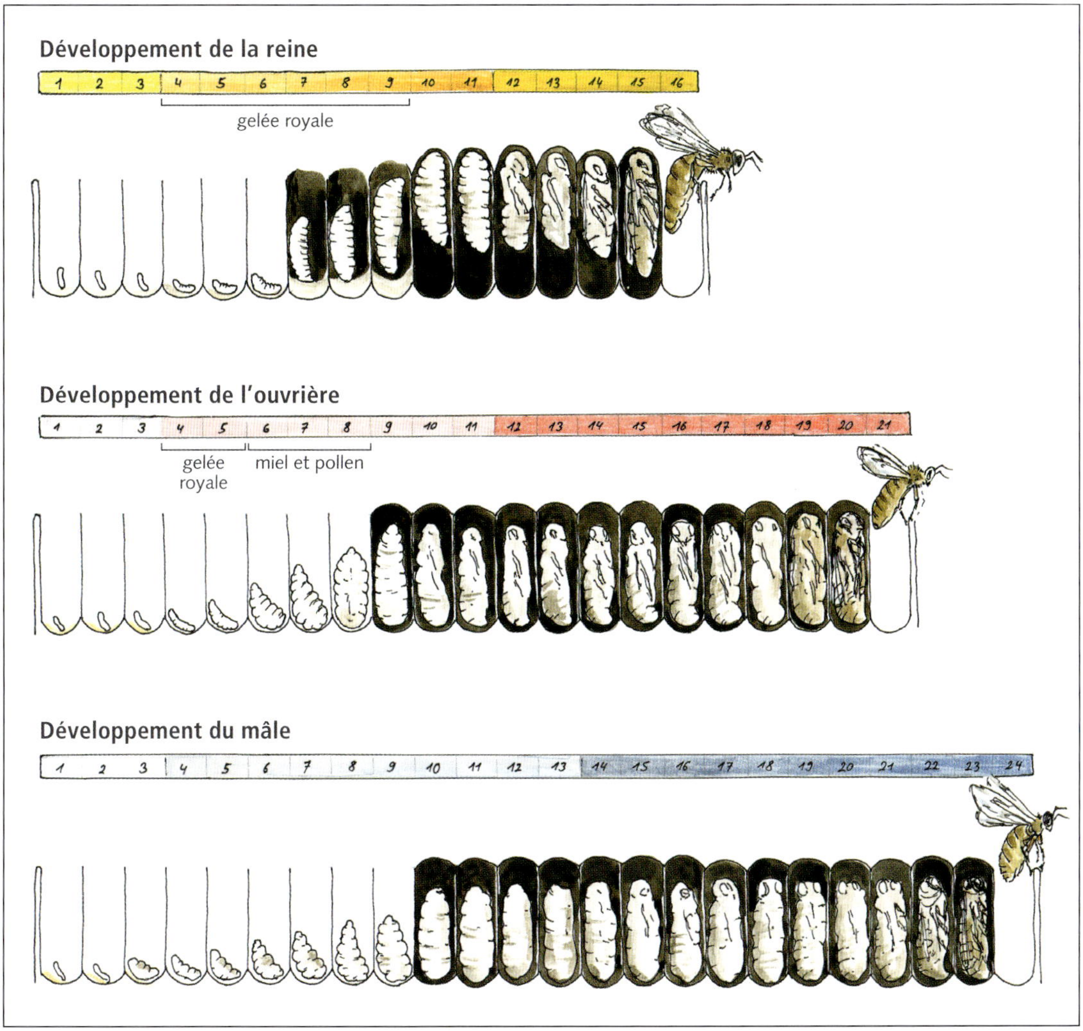

TROIS DIFFÉRENTES CASTES

avec de la gelée royale. La naissance a lieu 16 jours après la ponte, et la reine se fait féconder une dizaine de jours plus tard, avant de pouvoir commencer à pondre. Elle peut vivre 5 ans, mais aujourd'hui c'est plutôt 3, voire 2 ans seulement.

Quand la pollution réduit l'espérance de vie des reines

Tant qu'elle peut pondre, la reine est conservée dans la colonie, soignée et nourrie. Mais les reines sont aujourd'hui stériles de plus en plus tôt. La baisse de biodiversité végétale prive les colonies de nombreuses sources de nourriture, elles sont moins bien nourries. Et les perturbateurs endocriniens, qui se trouvent partout, rendent les mâles moins féconds. Moins bien fécondée, les reines sont plus vite stériles, ce qui oblige les colonies à les remplacer de plus en plus fréquemment.

La ponte de la reine commence peu après le solstice d'hiver, vers le 15 janvier à Paris. Elle est croissante jusqu'au 21 juin, puis diminue, pour cesser complètement quand l'hiver arrive. Au maximum de sa ponte, elle peut pondre 2000 œufs par jour, l'équivalent de son propre poids !

LES OUVRIÈRES

Les ouvrières sont des femelles qui ne sont pas fécondées, car leur développement sexuel est inhibé par les phéromones royales. Elles vont consacrer leur vie à assumer toutes les tâches nécessaires au bon fonctionnement de la colonie.

Leur développement est déterminé par la nourriture qu'elles reçoivent au stade larvaire. Pendant 3 jours, toutes les larves femelles reçoivent de la gelée royale. Puis la future reine continue à être alimentée à la gelée royale, alors

La reine entourée de ses ouvrières

que les ouvrières ne reçoivent plus qu'une gelée nourricière, moins riche. Ainsi, toute larve femelle de 3 jours peut donner une reine ou une ouvrière, ce qui permet à la colonie d'élever une nouvelle reine à tout moment, à condition qu'il y ait des œufs ou des jeunes larves.

Les ouvrières d'été

Dès leur naissance, les ouvrières se mettent au travail. Elles sont d'abord nettoyeuses, puis cirières, magasinières, ventileuses et gardiennes.
Après 21 jours de présence dans la ruche, elles sortent enfin pour devenir butineuses, pendant 21 jours, puis meurent d'épuisement. Leur vie est donc très courte, 21 jours pour naître, 21 jours dans la ruche, et 21 jours en extérieur. Il faut donc que la reine ponde beaucoup pour remplacer les ouvrières qui disparaissent. Ce cycle de vie correspond aux abeilles qui naissent au printemps ou en été et il est fluctuant en fonction de la météo ou des besoins de la colonie.

Les ouvrières d'hiver

Pour celles qui naissent en automne, la vie sera très différente. La reine ne

CYCLE DE VIE D'UNE OUVRIÈRE

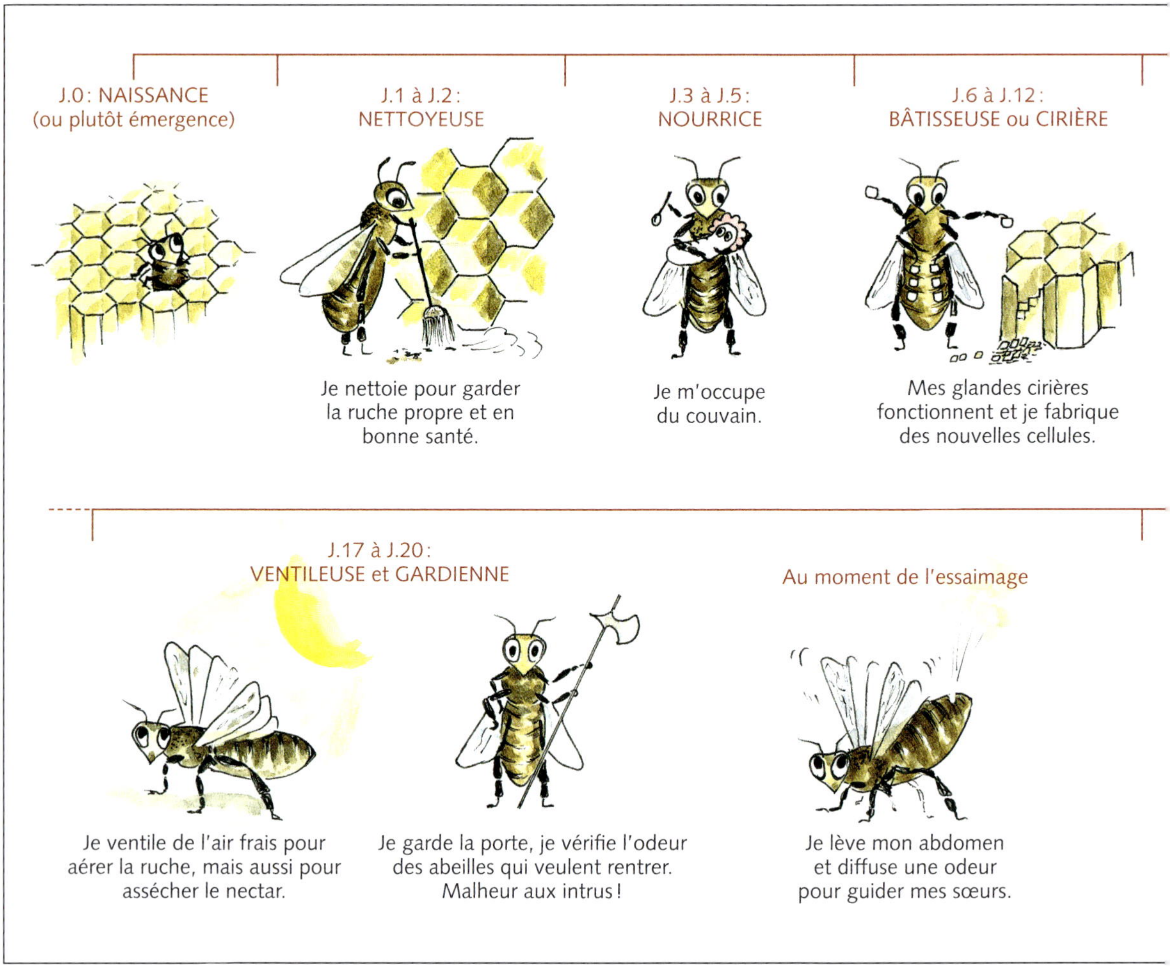

pond plus en hiver, pour que la colonie ne dépense pas d'énergie à chauffer et nourrir les jeunes. Et avec l'arrivée du mauvais temps et la disparition des fleurs, l'activité extérieure des abeilles cesse également. Il n'y a donc plus de tâche à accomplir.

Le travail des abeilles d'hiver est de rester en vie, et de passer la mauvaise saison. Elles se mettent en grappe, pour économiser la chaleur. Par un mouvement circulaire permanent, les abeilles chauffées à 10-12 °C au cœur de la grappe remettent au centre les abeilles de la périphérie, frigorifiées. Il faut que tout le monde reste en vie, pour être présent en fin d'hiver quand la reine reprend sa ponte et que les naissances de jeunes abeilles remplacent les plus vieilles.

Travaillant moins, la durée de vie des abeilles d'hiver sera plus longue : de 4 à 6 mois, si elles sont bien alimentées et que les conditions de vie ne sont pas trop rigoureuses.

C'est uniquement parce qu'il y a une vie dans la colonie en hiver que les abeilles d'été stockent du miel. C'est ce qui différencie les abeilles mellifères des autres espèces d'abeilles.

J.13 à J.16 :
MAGASINIÈRE

Je m'occupe des transports dans la ruche, et je stocke le miel dans les alvéoles. D'autres abeilles-

sœurs, plus âgées, nous rapportent du nectar. Enrichi par les échanges de jabot à jabot par trophallaxie,

et séché jusqu'à obtenir le taux d'humidité parfait, le nectar est transformé en miel !

J.21 à J.41 : BUTINEUSE

Je visite les fleurs pour récolter du pollen et je vais chercher de l'eau. J'aspire le nectar avec ma langue

et je le rapporte à la ruche. Je peux effectuer parfois des dizaines de kilomètres dans la journée !

J'ai 42 jours : DÉCÈS

Je suis maintenant épuisée par tous mes travaux, je vais mourir à l'extérieur, loin de ma ruche.

Où les abeilles meurent-elles ?

Quand, en pleine saison, la reine pond 2 000 œufs par jour, il y a 21 jours plus tard 2 000 naissances par jour. Six semaines plus tard, 2 000 abeilles meurent tous les jours. Pour des raisons d'hygiène, peu d'abeilles meurent dans la ruche, elles vont mourir en extérieur. Seules les quelques abeilles mortes pendant la nuit sont sorties de la ruche par les nettoyeuses. Jusqu'à leur dernier souffle, les abeilles œuvrent pour le bien commun.

LES MÂLES

Un peu plus gros que les ouvrières, les mâles ont la particularité de ne participer pratiquement à aucun des travaux de la colonie (sauf produire de la chaleur quand ils font la sieste). Ils ne font rien, et ne sont même pas capables de se nourrir. Quand un mâle a faim, c'est une ouvrière qui le nourrit par trophallaxie (bouche à bouche).

Équipés d'un phallus en lieu et place du dard chez les femelles, ils peuvent féconder les reines, ce qui est leur fonction première. Mais ils ne peuvent pas piquer, et ne défendent donc pas la colonie en cas d'agression.

Longtemps considérés comme des parasites par les apiculteurs, puisqu'ils ne produisent pas de miel mais qu'ils en mangent, tout a été fait pour réduire leur nombre. Si les cages à mâles ne sont plus guère utilisées, les ruches conventionnelles limitent fortement leur nombre avec des cires gaufrées préformées aux dimensions des ouvrières.

Aujourd'hui, avec les problèmes de fécondation des reines que l'on rencontre, le monde apicole a pris conscience de l'importance du rôle des mâles, et certains mettent dans leurs ruches des cires à mâles, ou laissent construire aux abeilles quelques bouts de rayons. Conscientes de la nécessité de leur présence en nombre, les abeilles construisent systématiquement des cellules plus grosses, et élèvent ainsi des mâles. Quand les abeilles ont la possibilité de construire la totalité de leurs rayons, de façon naturelle, elles élèvent à peu près 10 % de mâles.

Les mâles représentant pour la colonie une grosse dépense d'énergie, et leur rôle étant surtout de féconder les reines, aucun mâle n'est présent dans les ruches en hiver. Ils apparaissent au printemps, sont présents tout l'été, et sont supprimés en fin d'été.

Les jours de beau temps, pendant que toutes les femelles s'affairent au butinage, tous les mâles quittent la ruche pour féconder les reines en plein vol.

Quand arrive la fin de l'été, il n'y a plus de reine à féconder. À ce moment-là, les gardiennes ne laissent plus rentrer les mâles dans les ruches. Incapables de survivre seuls, ils meurent tous de faim et de froid en dehors des ruches. Le « massacre des mâles » a eu lieu.

Il est absolument nécessaire que les abeilles suppriment les mâles en fin d'été, car la colonie ne pourrait survivre si elle continuait à nourrir autant de bouches inutiles en hiver.

Les abeilles et l'immortalité

Dans une colonie, les ouvrières vivent peu de temps mais la reine pond beaucoup, donc elles sont remplacées en permanence. Les mâles apparaissent au printemps et disparaissent en fin d'été. Les reines sont, elles aussi, remplacées régulièrement. Quand une reine est trop vieille pour pondre, la colonie en élève une nouvelle qui la remplacera.

À chaque essaimage, la vieille reine quitte la ruche, et une jeune la remplace. Il n'y a donc pas de vieillissement dans la colonie, les abeilles ont inventé la jeunesse éternelle, l'immortalité... théorique !

À gauche : le mâle est appelé faux bourdon. On le reconnaît à ses très gros yeux et son abdomen trapu.

Le cycle de la vie d'une colonie sur 2 ans

ANNÉE 1

Début mai : essaimage

Au commencement se trouve l'essaim. Un essaim est une masse d'abeilles agglutinées autour de la reine, suspendues à une branche d'arbre ou un support quelconque. Pour ceux qui ont eu la chance d'en voir, c'est très émouvant. Toutes ces abeilles, accrochées les unes aux autres, ne présentent aucune agressivité, et attendent simplement de savoir où emménager. Il y a urgence à trouver un logement, car elles n'ont alors aucune protection contre les prédateurs ni contre les agressions météo, pluie, vent, froid.

Les exploratrices cherchent le meilleur emplacement, la plus belle cavité, puis rentrent sur l'essaim et dansent pour informer leurs sœurs du fruit de leurs recherches.

L'absence de rayons les oblige à danser sur les autres abeilles. La cavité recherchée doit être assez spacieuse pour que la colonie puisse se développer, mais pas trop pour ne pas chauffer un trop grand volume, 40 litres étant idéal. La cavité est de préférence placée en hauteur, pour se protéger des prédateurs, orientée plein sud pour un bon ensoleillement.

L'entrée, située en partie basse pour faciliter le nettoyage, ne sera ni trop grande ni trop petite, 10 cm^2 étant un bon compromis.

Printemps : construction

Quand l'essaim a choisi le lieu idéal, toutes les abeilles s'envolent et se dirigent vers la cavité choisie. C'est l'ensemble des abeilles qui prend cette décision : il n'y a pas de chef, ni de caste supérieure. L'essaim, et plus tard la colonie, ne se comporte pas comme un agglomérat d'abeilles en démocratie, mais plutôt comme un seul individu, animé d'un esprit commun. C'est l'esprit supérieur de la colonie, cher aux biodynamistes.

On sait que 10 % seulement des abeilles ont visité le futur appartement, 9 abeilles sur 10 ne savent donc pas où elles vont, et suivent en toute confiance le mouvement initié par le petit groupe des exploratrices ayant déjà repéré les lieux. Dès l'emménagement, l'urgence absolue est de construire des rayons. Tant que des rayons ne sont pas construits, rien ne peut se faire. La reine ne peut pas pondre, les ouvrières ne peuvent stocker ni nectar ni pollen. Les abeilles se mettent donc à construire très rapidement des rayons, en activant leurs glandes cirières. La construction des rayons commence en haut de la cavité, où ils sont accrochés, et se poursuit vers le bas, en respectant une parfaite verticalité. Ces rayons peuvent être comparés aux os autour desquels la colonie va se construire.

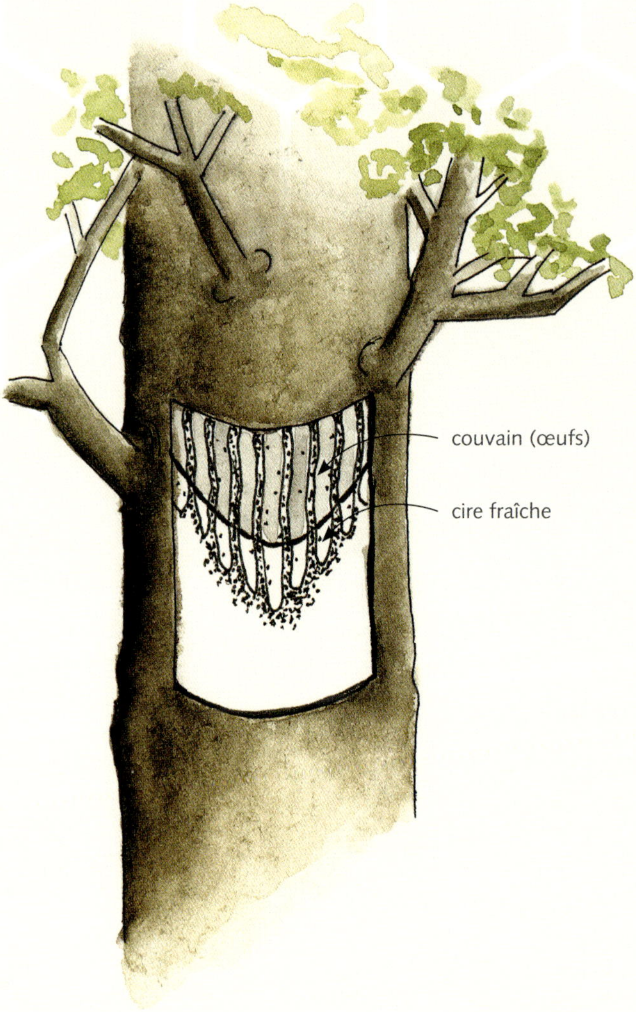

Printemps : début de la ponte

Dès les premiers rayons bâtis, la seconde urgence est la ponte de la reine. Les ouvrières d'été ne vivent que peu de temps, 6 semaines : 3 semaines dans la ruche puis 3 semaines en extérieur comme butineuses. Si la reine ne pond pas très vite, la population va vieillir rapidement. Les nourrices secrètent donc de la gelée royale, pour nourrir la reine et déclencher sa ponte, dans les cellules fraîchement bâties.

Après la ponte, il faut 3 semaines pour que l'œuf se transforme en larve, et la larve en nymphe, avant l'émergence de la jeune ouvrière. Les cellules dans lesquelles un œuf a été déposé sont donc bloquées pour 3 semaines, ce qui oblige la colonie à en construire d'autres rapidement. Il y a dans les 10-12 premiers jours après l'installation une très grosse pression de construction, qui se réduit ensuite, quand le couvain qui se développe commence à réclamer beaucoup de soins.

Trois semaines après la ponte, les premières naissances ont lieu en haut des rayons où ont eu lieu les premières pontes. Et la reine pondant tous les jours, il y a tous les jours des naissances, qui libèrent les cellules. Dans ces cellules maintenant vides, les abeilles pourront stocker le miel.

Voilà le profil type de tous les rayons d'abeilles dans le monde, avec le miel en haut et le couvain en bas. Entre le miel et le couvain se trouve une petite zone de stockage de pollen, l'aliment essentiel des jeunes larves.

Été : stockage du miel

Les naissances se succèdent régulièrement, au rythme de la ponte de la reine, qui a eu lieu 3 semaines plus tôt ; la place en haut des rayons se libère et les abeilles stockent de plus en plus de miel. Visuellement, l'accumulation du miel en haut et la croissance vers le bas du couvain donne l'impression que « le miel pousse le couvain ».

L'accumulation de miel se fait au rythme des apports de nectar par les butineuses, et sera favorisé par un bel environnement mellifère, une météo clémente permettant des sorties régulières, et si possible une forte population d'abeilles. Chaque colonie étant différente, en fonction des caractéristiques génétiques et de l'âge de la reine, la croissance des cires et la quantité de miel stocké varieront toujours d'une ruche à l'autre.

Après le 21 juin, solstice d'été, les jours diminuent, et le rythme de ponte de la reine va s'inverser. Croissant jusqu'alors, il va décroître de jour en jour. À partir du 14 juillet, 3 semaines après le 21 juin, il y a donc plus de naissances que de pontes.

Sur le nombre de cellules libérées par l'émergence des nouvelles abeilles, beaucoup ne sont plus utilisées pour la ponte de la reine, et peuvent servir au stockage de miel. Par souci d'économie, la colonie cesse donc de construire de nouveaux rayons, la croissance des cires est maintenant terminée. Seule une miellée tardive peut obliger la colonie à se remettre à la construction : « Pour que ça cire, il faut que ça mielle ».

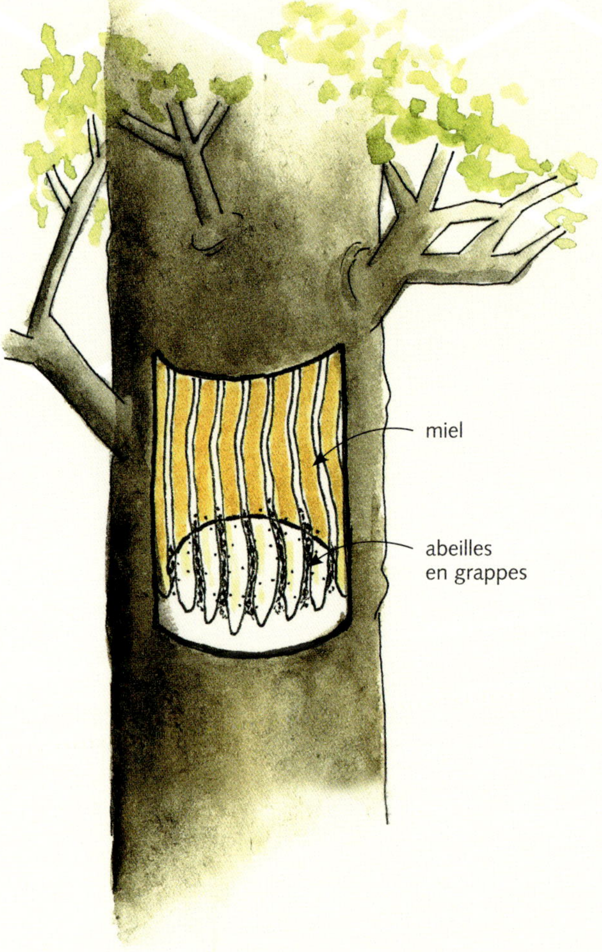

Début d'hiver : préparation de la ruche à l'hivernage

À des dates variables selon les régions, la colonie décide que le temps de fécondation de la reine est terminé, et que les mâles ne servent plus à rien. Quand ils vont essayer de rentrer dans les ruches, en fin d'après midi, les gardiennes ne les laisseront pas passer. Fatalistes, même si certains essayent de forcer le passage et sont sortis *manu militari*, les mâles passeront la nuit dehors. Mais ils ne peuvent pas survivre seuls, sans l'alimentation fournie par les nourrices et la chaleur dispensée par la colonie. Leurs cadavres seront nombreux le lendemain devant les ruches, vite éliminés par les fourmis et les oiseaux. Le massacre des mâles a eu lieu.

Pour l'apiculteur, c'est un moment important. Les essaimages ne sont plus possibles, sauf accident, et il est facile de repérer les colonies qui sont en dysfonctionnement. Il n'est pas normal qu'une colonie continue à accueillir des mâles après cette date, c'est bien souvent le signe d'une déficience de la reine. On notera quand même que depuis quelques années, avec le dérèglement climatique, les colonies suppriment les mâles de plus en plus tard, au détriment de leurs réserves hivernales.

Les jours diminuent de plus en plus, les floraisons se raréfient, le mauvais temps arrive, et la colonie va bientôt entrer en hivernage, à une date variable selon les années, et totalement dépendante de la météo et des floraisons de l'automne. Après un petit pic de ponte en septembre-octobre, destiné à faire naître le plus possible d'abeilles d'hiver, l'activité va se réduire au strict minimum. La reine cesse de pondre, il n'y a donc plus de couvain à nourrir ni à chauffer. Et la colonie se met en phase d'économie d'énergie maximale. Situées maintenant tout en bas des rayons, les abeilles se mettent en grappe autour de la reine.

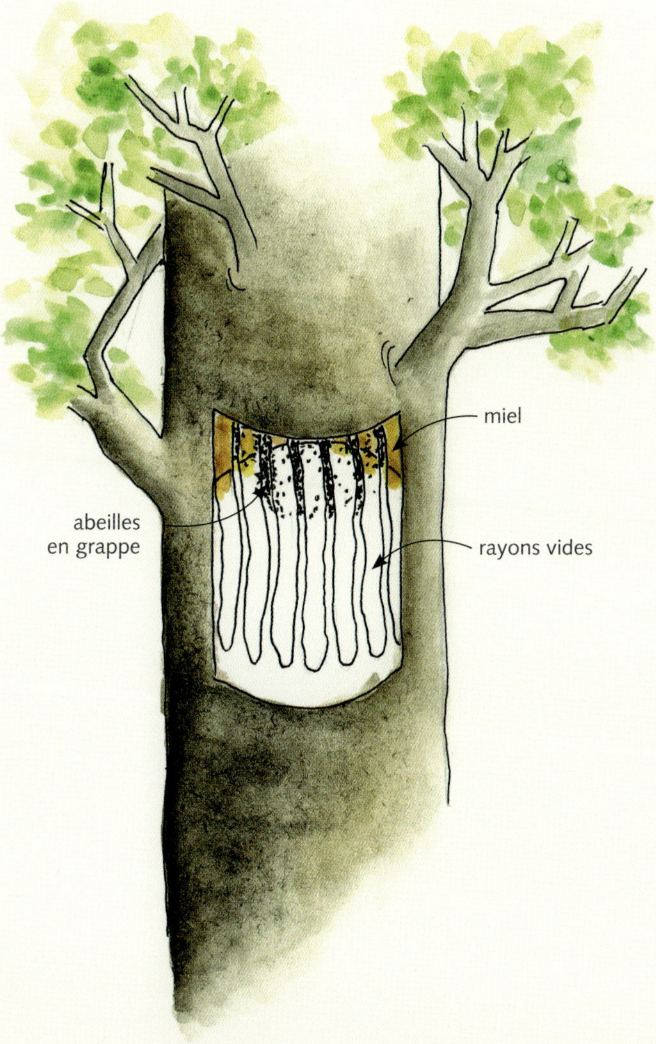

Hiver : hivernage

Au milieu de la grappe, il y a maintien d'une température de 10-12 °C, et en périphérie, les abeilles sont à la température de l'air ambiant. Animal à « sang » froid, le corps de l'abeille ne dégage pas de chaleur. C'est le travail musculaire, surtout les muscles des ailes, qui le permet. Quand il fait bien froid, les abeilles en périphérie sont frigorifiées, et ce sont les abeilles de l'intérieur, réchauffées, qui vont les remettre au milieu, en allant à leur tour en périphérie. Comme pour les pingouins ou les manchots, il y a un mouvement circulaire permanent dans la grappe d'abeilles, de façon à ce que le plus grand nombre survive. C'est la taille de la grappe qui permettra ou pas un bon hivernage. Les trop petites colonies auront beaucoup de mal à atteindre le printemps.

Alors que pendant toute la belle saison, la colonie se développe en descendant, du haut vers le bas, en hiver, c'est le phénomène inverse. Les abeilles commencent l'hiver en bas des rayons, et remontent lentement, en se nourrissant du miel stocké par les abeilles pendant l'été. Si les réserves sont suffisantes, et que l'hiver n'a pas été trop rigoureux, la fin de l'hiver voit la grappe vers le haut des rayons, avec encore du miel au dessus, et un peu de miel en périphérie des rayons. Ce miel qui n'a pas été consommé sert d'isolation, et le sera plus tard, si le printemps peine à s'installer.

ANNÉE 2

Fin d'hiver : réveil de la ruche

Après le 21 décembre, solstice d'hiver, les jours commencent à rallonger. Ce phénomène déclenche une pulsion de vie dans tous les organismes vivants, et l'abeille, animal solaire, y est très sensible. Quelques jours plus tard, vers la mi-janvier en région parisienne, la reine reprend sa ponte. Il serait plus juste de dire que la colonie, en nourrissant la reine différemment, va lui faire reprendre sa ponte. La croissance de la ponte sera directement liée aux entrées de pollen d'abord, et de nectar ensuite. Si février est doux et que de nombreux saules ou noisetiers fleurissent autour des ruches, ce sera très propice. Les premières naissances vont avoir lieu, et de jeunes abeilles pourront bientôt remplacer les abeilles d'hiver, nées à l'automne, et qui arrivent en fin de vie. À ce moment de l'année, la colonie se trouve en haut des rayons et a, sous ses pieds, tous les rayons qui ont été vidés de leur miel en hiver. La reine peut donc pondre autant qu'elle le veut, il y a énormément de cellules vides où elle peut déposer ses œufs.

Début du printemps : reprise de la ponte et essaimage

Ce qui limite la ponte de la reine, ce n'est pas le manque de place, c'est le nombre de nourrices. Le couvain demande tellement de soins qu'une nourrice ne peut s'occuper que de trois larves. Si la colonie est forte et populeuse, la reine pourra pondre beaucoup, et le démarrage au printemps sera très rapide. Par contre, si la colonie est faible, la reine pondra peu, donc peu de naissances, peu de nouvelles abeilles, et la colonie aura du mal à se développer. Aucune colonie n'a le même rythme de démarrage au printemps : les colonies faibles se développent lentement alors que les colonies fortes se développent rapidement. Quoi qu'il en soit, le nombre d'abeilles augmente de plus en plus,

jusqu'au jour où il est trop important. Ce n'est pas un problème de place, mais, entre autres, de surpopulation par rapport à ce que la reine peut fédérer. C'est la reine qui, par ses phéromones royales, maintient la cohésion de la colonie, et l'inhibition sexuelle des ouvrières. Quand les abeilles sont trop nombreuses, les phéromones sont trop diluées dans la masse, le pouvoir royal perd de sa puissance, le chaos s'installe, et la colonie va essaimer.

L'essaimage est le départ de la moitié des abeilles, qui emmènent la reine avec elles, et laissent sur place les cires, le miel, le couvain et l'autre moitié des abeilles.

Les causes déclenchant l'essaimage ne sont pas toutes connues, mais sont nombreuses, comme un déséquilibre entre les abeilles d'intérieur et d'extérieur, des caractères génétiques, une alternance de périodes de mauvais et de beau temps…

Avant de partir, la colonie a élaboré des cellules royales, dans lesquelles la reine a pondu, et c'est juste avant la naissance des jeunes reines que l'essaimage a lieu.

Cellule royale

Printemps : naissance d'une nouvelle reine et fécondation

L'essaim commence sa vie en année 1, temps pendant lequel la souche va se reconstituer. C'est par l'essaimage que les colonies d'abeilles se multiplient. Cet instinct viscéral de reproduction a permis aux abeilles de survivre, et de coloniser la terre entière.

Dans la colonie souche, 2 ou 3 jours après l'essaimage et donc le départ de la vieille reine, une reine va naître. Son premier travail est d'aller tuer ses demi-sœurs dans leurs cellules, avant qu'elles n'en sortent : il ne faut qu'une reine dans la colonie. Cette reine, vierge à la naissance, doit se faire féconder pour assumer son rôle de fédératrice et de mère de la colonie. Il lui faut quelques jours pour être mûre sexuellement, et devenir fécondable. Pour éviter la consanguinité, et les bagarres entre mâles, elle n'est heureusement pas attractive sexuellement dans la ruche, mais uniquement en vol. Par un bel après-midi, elle va s'envoler, et rejoindre le nuage de fécondation.

FÉCONDATION D'UNE REINE

1 Fécondation en vol

2 Le mâle laisse son sexe dans le corps de la reine

3 Mort du mâle

Le nuage de fécondation est le point de ralliement de l'ensemble des mâles de la région, point que les abeilles connaissent instinctivement. À environ 30 mètres du sol, les mâles se retrouvent tous les jours de beau temps, et attendent le passage des reines à féconder.

Si aucune reine ne passe, ils rentrent au bercail en fin d'après-midi, et demandent à manger. Ce qui est très particulier avec les mâles, c'est qu'ils rentrent dans leur ruche ou dans une autre, et sont toujours accueillis. De cette façon, en allant parfois de ruche en ruche, ils peuvent se déplacer, et peuvent se trouver à des kilomètres de leur ruche d'origine. C'est un excellent moyen pour les colonies de diffuser leurs potentiels génétiques, mais c'est également un gros vecteur de contamination bactérienne, virale ou parasitaire. Il faut absolument avoir conscience que chaque ruche ou colonie sauvage est en lien avec l'ensemble des populations d'abeilles.

Si une reine vierge, à féconder, attractive sexuellement, approche du nuage de mâles, c'est alors l'effervescence. Beaucoup suivent la reine, et le plus rapide sera le premier à la rejoindre et à la féconder, en vol. Il y a de cette façon une forte sélection naturelle : le meilleur des mâles, le plus puissant, sera le premier à diffuser ses gènes. L'issue de l'accouplement lui sera fatale. De même que l'ouvrière meurt après avoir piqué, en laissant son dard et s'arrachant l'abdomen, le mâle laisse son sexe dans le corps de la reine et en meurt. Un seul mâle ne suffisant pas à féconder la reine, le deuxième plus rapide (sélection naturelle) la féconde à son tour, en meurt, et ainsi de suite.

Si tout va bien, la reine sera fécondée par dix à douze mâles différents avant de retourner à sa ruche.

Trois à 5 jours plus tard, la reine pourra commencer à pondre. Ce délai est le temps nécessaire à la migration du sperme, depuis la chambre vaginale où il a été déposé à la spermathèque où il sera stocké. La reine n'est fécondée qu'une fois dans sa vie, et a la capacité de garder le sperme fécond pendant 5 ans ! Ce sera sa durée de vie, sachant qu'une reine qui n'est plus apte à pondre est aussitôt remplacée par la colonie. Mais le sperme des mâles est aujourd'hui de moins en moins fécond, à cause essentiellement de la dégradation de l'environnement et des perturbateurs endocriniens que l'homme diffuse allègrement dans la nature. Les reines sont donc de plus en plus vite stériles, et leur durée de vie qui était de 5 ans ne fait que diminuer : aujourd'hui c'est plutôt 2 ans. Cela oblige les colonies à effectuer des remérages de plus en plus fréquents, avec à chaque fois une prise de risque. Si la nouvelle reine ne se fait pas féconder ou si elle ne retrouve pas sa ruche, il n'y a pas de seconde chance, la colonie se trouve orpheline, devient bourdonneuse et disparaît.

UNE COLONIE BOURDONNEUSE

S'il n'y a plus de reine dans la ruche, l'inhibition sexuelle qu'elle maintenait est levée, et les ouvrières, abeilles femelles, vont se mettre à pondre. Mais n'ayant jamais été fécondées, elles ne pourront pondre que des œufs mâles. En quelques semaines, il n'y aura plus que des mâles dans la ruche, qui sera devenue bourdonneuse.

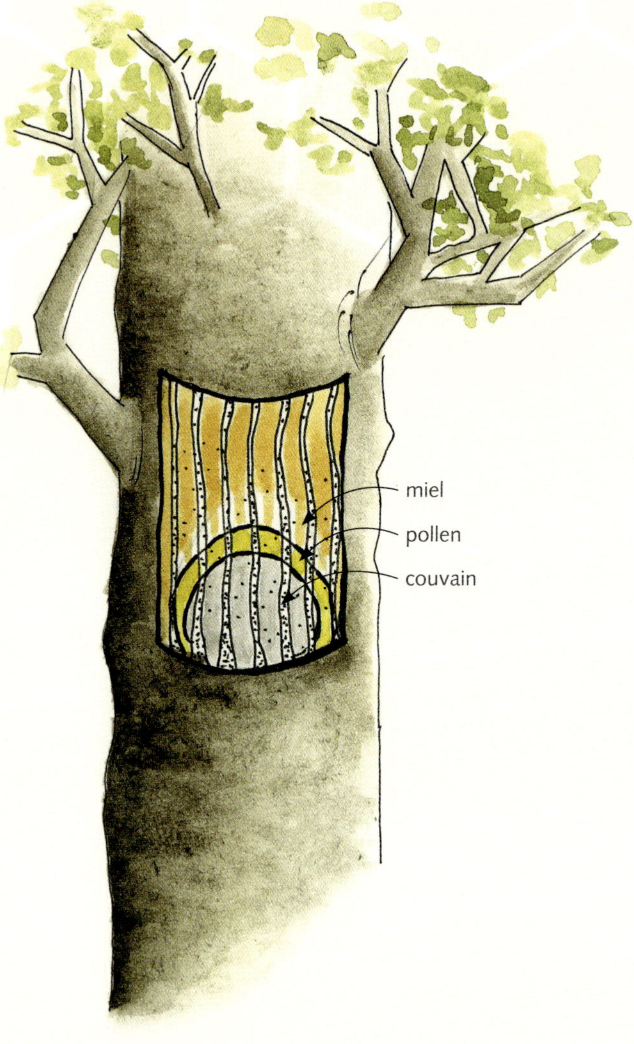

Été : developpement d'une nouvelle colonie

Maintenant que la nouvelle reine commence à pondre, la vie renaît dans la colonie. Le couvain se développe, des abeilles vont naître et remplacer les plus âgées qui disparaissent. La ponte de la reine va aller croissant jusqu'au 21 juin, après quoi la durée d'ensoleillement diminue et entraîne une réduction de la ponte. Toutes les jeunes abeilles travaillent dans la ruche, et les plus anciennes en extérieur. Elles butinent énormément, profitant de la longueur des jours et de l'abondance de fleurs à cette époque de l'année. Dans la ruche, le nectar est transformé en miel, et tout ce qui n'est pas consommé est stocké, en prévision des mauvais jours de l'hiver.

Les jours diminuent, la mauvaise saison approche, les fleurs se raréfient, les températures baissent. Les abeilles passent de plus en plus de temps à l'intérieur, jusqu'au jour où elles ne sortent plus. Elles vont se mettre en grappe, économiser l'énergie, manger le miel stocké pendant l'été, et attendre que les jours allongent pour relancer la dynamique de croissance.

Voilà résumé en quelques mots le cycle de vie de la colonie d'abeilles : ponte de la reine, augmentation de population, essaimage et stockage de miel, puis arrêt de ponte et hivernage.

REMARQUES

Toutes ces étapes dépendent directement du cycle de la lumière, des saisons, de la chaleur et des floraisons. Elles se passent à des moments différents selon que l'on soit au nord ou au sud, en région chaude ou en région froide, dans des lieux où la flore mellifère est riche ou non.

Les travaux de l'apiculteur, commandés par le rythme donné par les colonies d'abeilles, vont donc se dérouler à des dates différentes selon la région, le climat local, la race d'abeilles, et l'année. Il n'est pas possible de donner des dates précises pour chaque intervention. En région parisienne, la reine recommence à pondre vers le 15 janvier, les essaimages ont lieu en mai et l'arrêt de ponte et le début de l'hivernage a lieu vers le 15 novembre.

Colonie d'abeilles dans son milieu naturel, installée dans un vieil arbre creux.

Sauvetage d'abeilles lors de la coupe d'un vieux chêne

L'alimentation et les besoins des abeilles

Pour vivre, les abeilles ont besoin de se nourrir. Elles prélèvent différents produits dans la nature, de l'eau, du pollen, du nectar, du miellat et de la propolis.

L'EAU

L'eau est indispensable à la vie. Une colonie peut consommer 60 litres d'eau par an. L'eau est collectée par des ouvrières spécialisées, les porteuses d'eau, pour différents usages : boisson, régulation thermique de la ruche, dilution du miel trop épais…

Abreuvoir pour les abeilles

L'abeille aspire l'eau ou le nectar des fleurs avec sa langue.

Il n'est pas rare de voir une abeille en plein été venir boire au robinet !

L'eau est prise en milieu extérieur, provient du nectar (80 % d'eau) ou de la condensation dans la ruche. Malheureusement, l'eau collectée par les abeilles est bien souvent contaminée, et beaucoup de pesticides et polluants rentrent ainsi dans les ruches. L'apiculteur avisé se doit de mettre de l'eau propre à proximité de ses ruches, afin d'éviter des contaminations et des problèmes de voisinage (si les abeilles vont par exemple boire dans la piscine du voisin).

Un abreuvoir près des ruches

Les abeilles respirent par des stomates sur l'abdomen. Si une abeille tombe dans l'eau, elle meurt asphyxiée. Il faut donc leur mettre de l'eau dans des abreuvoirs où elles ne peuvent pas se noyer, avec des flotteurs comme du liège, du bois ou de la mousse. Un grand bac rempli de cailloux où elles se posent leur convient également. L'eau apportée peut aussi être enrichie de tisanes de plantes, feuilles d'orties, vinaigre de cidre, minéraux, tout ce qui peut concourir à la bonne santé des abeilles.

LA RÉCOLTE DE POLLEN

Porteur des gamètes mâles des plantes à fleurs, le pollen est très riche en acides aminés, porteurs du codage génétique, donc en protéines. Les protéines servent à la croissance, le pollen servira donc comme aliment principal pour nourrir les larves du couvain.

Il y a deux récoltes possibles de pollen par les abeilles :

- Une récolte volontaire, quand la colonie élève beaucoup de jeunes larves, ce qui nécessite beaucoup de pollen. Les butineuses vont alors sur les étamines des fleurs, font de belles pelotes de pollen sur leurs pattes arrière et rentrent à la ruche bien chargées.
- Une récolte involontaire, quand les abeilles vont au fond des fleurs

Retour d'une abeille butineuse au trou de vol, chargée de pelotes de pollen sur ses pattes arrière.

MORPHOLOGIE DE LA PATTE ARRIÈRE

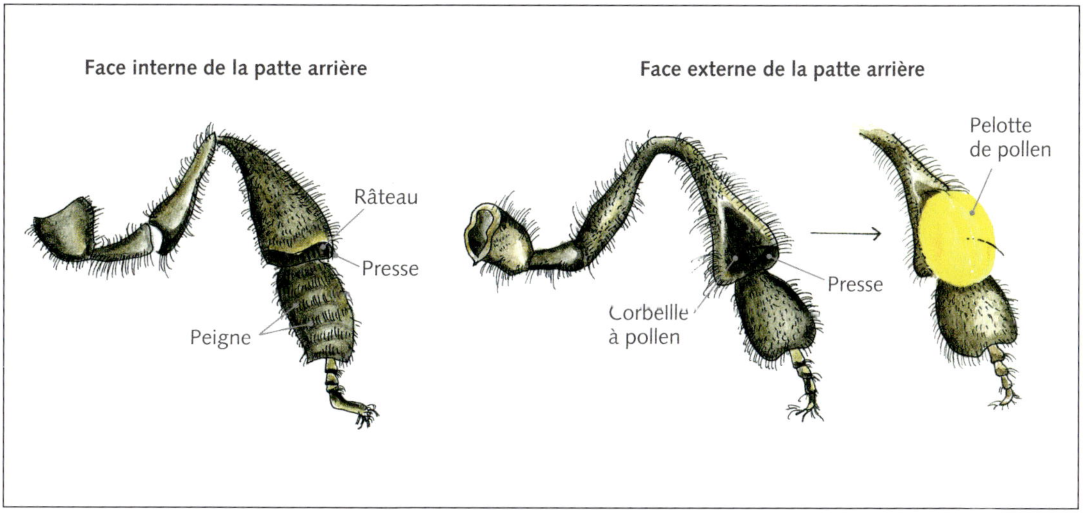

Abeilles en train d'aspirer avec leurs langues du nectar : 20000 à 100000 voyages sont nécessaires pour ramener un litre de nectar !

chercher le nectar et se chargent d'un peu de poussière de pollen. Puisqu'elles vont de fleur en fleur, ce pollen sera déposé ensuite dans le calice d'une autre fleur, qui sera ainsi fécondée. C'est cette pollinisation qui permet aux plantes à fleurs de se reproduire.

Chaque plante à fleur a un pollen différent, en texture, en couleur, et en composition chimique. Il y a des acides aminés dans le pollen des fleurs, mais pas tous. Et pour être en bonne santé, la colonie a besoin de tous les acides aminés, il faut donc que les abeilles puissent butiner beaucoup de fleurs différentes. Elles ont absolument besoin d'une grande diversité florale dans leur zone de butinage.

ET LE NECTAR DEVIENT MIEL

Le nectar est un jus sucré, 80 % d'eau, que les plantes à fleur ont été obligées de fabriquer pour attirer les insectes pollinisateurs. L'abeille l'aspire avec sa trompe, l'emmagasine dans son jabot où un mélange d'enzymes et de salive entre en action.

Les abeilles, qui viennent se nourrir sur les fleurs, emportent aussi un peu de pollen, qui ira féconder les fleurs voisines.

Aspiré, puis stocké dans le jabot, le nectar est apporté à la ruche par les butineuses, qui le donnent aux magasinières. Il sera mis un peu partout dans la ruche, pour que la ventilation permanente le sèche par évaporation. Quand le taux d'humidité du nectar parvient à 20 %, les magasinières le réingèrent, et ce faisant, l'enrichissent de leurs sucs digestifs, enzymes et minéraux. Puis elles le donnent à d'autres magasinières, qui l'enrichiront à leur tour. De bouche en bouche, de jabot en jabot, ce nectar séché va progressivement se transformer en miel. Le miel sera alors stocké dans des cellules en

Cellules remplies de pollen (à gauche) et couvain ouvert (à droite)

Transfert de nectar entre une butineuse et une ouvrière (trophallaxie)

Abeille, en pleine récolte de propolis, avec des paquets de propolis sur les pattes

Ouvrière sur de la cire vierge. Au sommet du cadre, la propolis, marron, est également visible.

haut de la ruche, et operculé avec de la cire Imperméable à l'air. Dans ces cellules, le miel pourra se conserver indéfiniment. Les abeilles ont la capacité de fabriquer le seul aliment imputrescible connu sur Terre.

LA RÉCOLTE DE LA PROPOLIS

La propolis est une substance antiseptique de couleur marron/roux et collante, que certains arbres (peuplier, bouleau) sécrètent pour protéger leurs bourgeons. Les abeilles collectent cette substance et la rapportent à la ruche. Avec ce mastic antiseptique, elles font tous les travaux intérieurs, « peinture » et isolation. L'air intérieur de la ruche, en perpétuel mouvement, est ainsi chargé de vapeurs antiseptiques. C'est la santé de la ruche.
C'est aussi avec la propolis que sont embaumés les cadavres des petits animaux entrés dans la ruche, lézards dans le Sud ou mulots dans le Nord, que les abeilles peuvent tuer mais qui sont trop lourds pour être sortis.

Comment les abeilles communiquent-elles ?

Toute vie en collectivité nécessite des échanges d'informations. Comme d'autres insectes sociaux, les abeilles communiquent, par gestes, par odeurs, par vibrations ou par phéromones. Cette communication a longtemps fasciné l'homme. Comment un animal aussi petit peut-il être aussi efficace et précis dans ses échanges d'informations ?

LA COMMUNICATION VISIBLE

Il suffit de disposer une coupelle avec un peu de miel non loin des ruches pour voir d'abord une abeille, puis trois ou quatre. Peu après il y en a vingt, et de plus en plus. Il suffit qu'une abeille découvre une source de nourriture pour que rapidement d'autres abeilles arrivent, même si la ruche est éloignée de 2 ou 3 km. La première abeille a donc informé les autres qu'il y avait là quelque chose d'intéressant.

C'est un allemand, Karl von Frisch (prix Nobel de médecine en 1973), qui a le premier découvert comment les abeilles communiquaient. Il a observé et décrypté la danse de l'abeille, « danse en huit » ou « danse frétillante ».

Quand une abeille a découvert une zone de butinage intéressante, elle rentre dans la ruche. Et sur les rayons verticaux, dans l'obscurité, elle se met à danser. Par cette danse, elle indique aux autres la direction de la source de nourriture par rapport au soleil, la distance à parcourir, et la valeur alimentaire de la source.

La colonie est donc informée, en temps réel, de la présence de fleurs dans l'environnement. Elle peut ainsi utiliser au mieux toutes les ressources alimentaires de la zone de butinage, choix économiques faits en fonction de la quantité de fleurs, de leur richesse en nectar, de leur éloignement, et des besoins de la colonie.

Il existe plusieurs danses en fonction de la distance de la source de nourriture par rapport à la ruche. La plus habituelle est une danse en huit, mais ce peut être une danse en rond si les fleurs sont proches. C'est le soleil qui sert de point de repère pour les danses et le repérage.

Quand il n'y a pas de soleil, par temps dégagé, l'abeille se dirige avec le soleil et corrige sa trajectoire par rapport à la course de celui-ci, en fonction du temps écoulé. Mais elle peut

Photo du laboratoire d'un célèbre chocolatier parisien, qui, en ouvrant la fenêtre, s'est retrouvé en l'espace de quelques heures envahi de milliers d'abeilles !

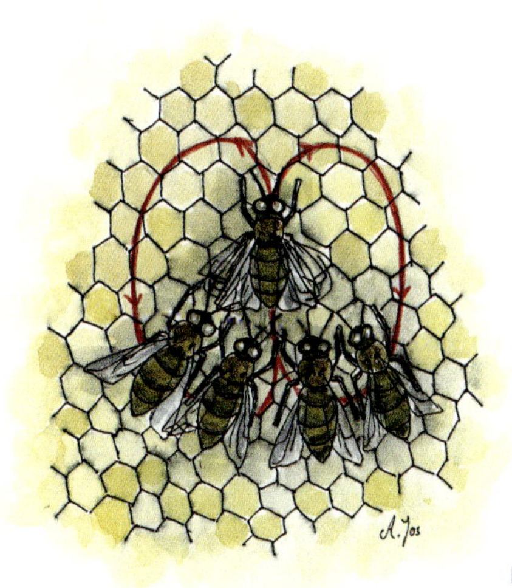

Danse en huit

LA COMMUNICATION VISIBLE DES ABEILLES

Danse circulaire (danse en rond) pour indiquer une source de nourriture très proche (à environ 50-100 m).

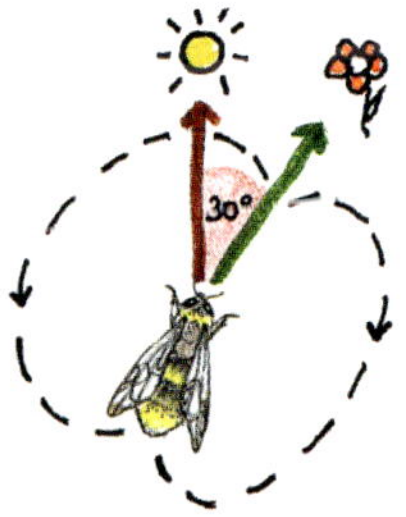

Danse en 8 (danse frétillante) pour indiquer une source de nourriture éloignée : à environ 30° à droite du soleil.

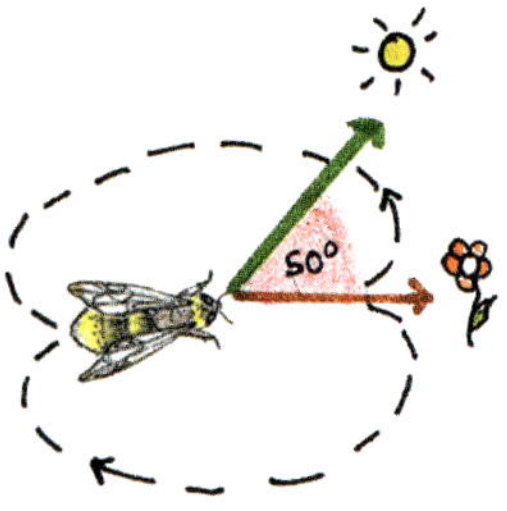

Danse en 8 (danse frétillante) pour indiquer une source de nourriture éloignée : à environ 50° à droite du soleil.

La zone de butinage

Les abeilles se repèrent et butinent dans un rayon de 3 km autour de la ruche. Cela représente une surface considérable, plus de 2 700 hectares. Cela a un avantage, elles trouvent toujours de quoi se nourrir dans leur environnement, et il est possible d'avoir des ruches sans avoir de grand jardin. Par contre, il est très difficile de trouver une zone complètement propre, sans pesticides, pour poser ses ruches.

également se baser sur la lumière polarisée émise par le soleil à travers les nuages !

Elle est également capable de percevoir les champs magnétiques terrestres, et même par temps complètement couvert, elle retrouve sa ruche sans aucune difficulté, en captant les variations magnétiques de la terre. (Des études ont montré que l'abeille sait compter et peut se rappeler qu'elle a survolé par exemple quatre arbres et deux maisons avant d'arriver à la source de nourriture !).

En période d'essaimage, la petite abeille arrive de la même façon à communiquer à ses sœurs l'emplacement et la qualité du lieu trouvé pour une nouvelle implantation. Volume, hauteur par rapport au sol, isolation thermique, taille de l'entrée, protection au vent et à l'humidité...

LA COMMUNICATION INVISIBLE

Les phéromones émises par la reine, les ouvrières, les mâles, et même par le couvain sont des véritables messages chimiques. Pour le rassemblement du groupe, par exemple, les phéromones sont diffusées quand l'abdomen est relevé, la glande de Nasanov ouverte. C'est la diffusion des phéromones de la reine qui assure la cohésion de la colonie, l'inhibition sexuelle des ouvrières, l'attraction des mâles, et bien d'autres choses encore.

Les odeurs et phéromones des butineuses leur permettent par exemple de distinguer leur ruche d'une ruche étrangère, d'émettre des signaux d'alerte ou de marquer une fleur comme une bonne source de nectar.

« Quand une abeille meurt, dix viennent à l'enterrement »

Quand une abeille pique un intrus par exemple, elle laisse avec son dard et la glande à venin une petite glande qui diffuse une odeur d'alerte. L'odeur informe les autres abeilles qu'il y a un danger, elles viennent alors piquer au même endroit, mettant en fuite l'agresseur.

MÉCANISME POUR DÉCOUVRIR LA GLANDE DE NASANOV

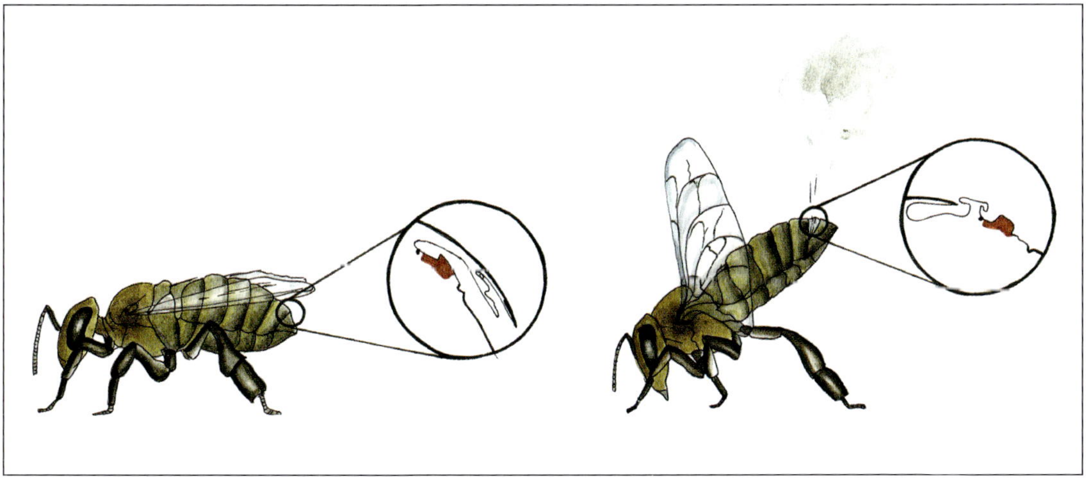

ANATOMIE DE L'ABEILLE

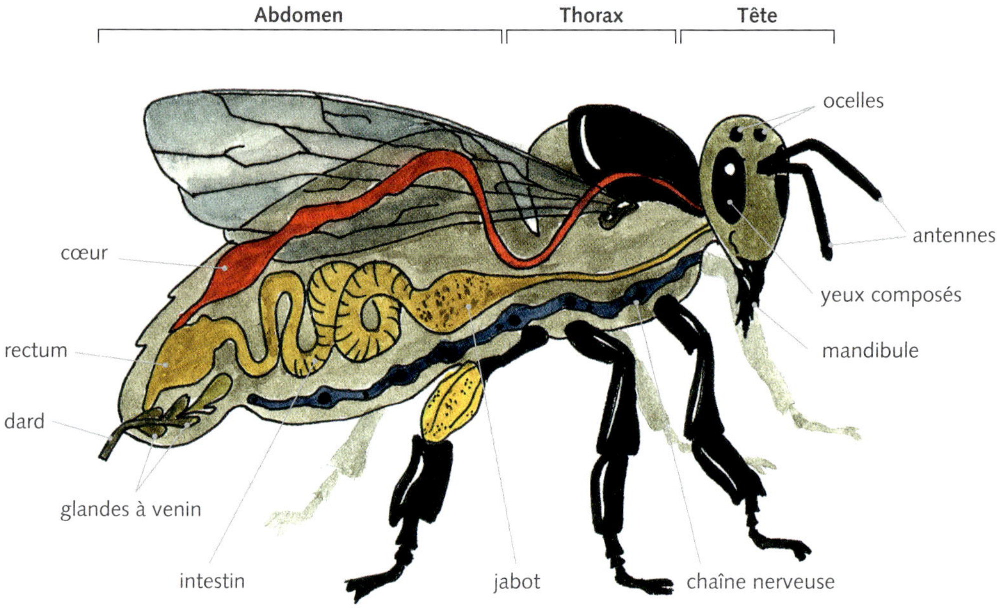

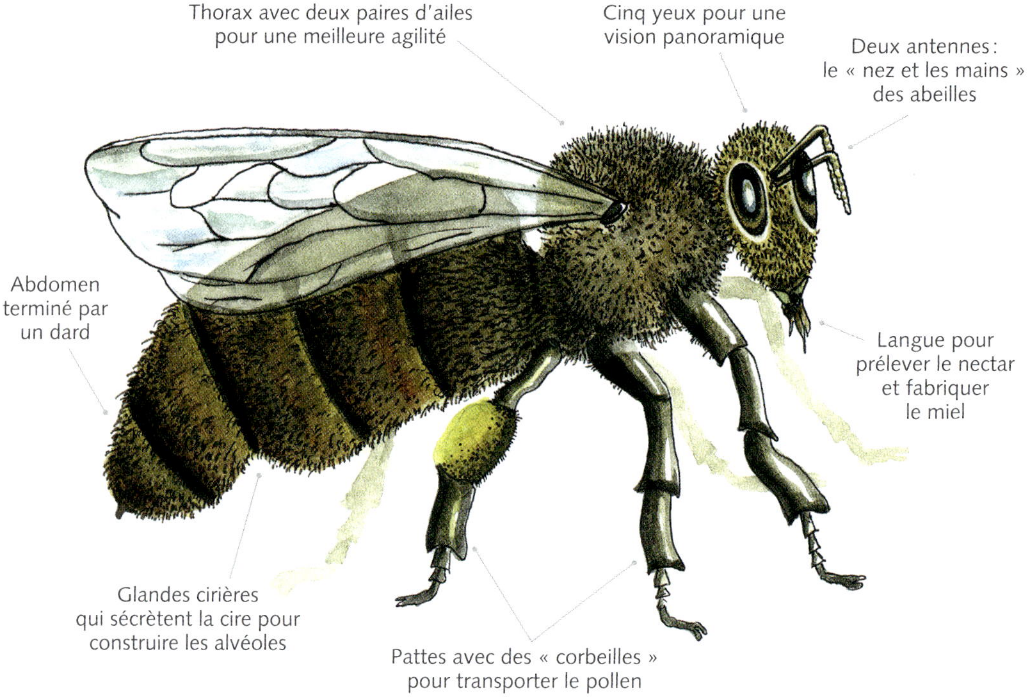

Un peu d'anatomie

Les insectes ont un corps composé de trois parties: la tête, le thorax et l'abdomen.

LES YEUX

L'abeille a cinq yeux:

- 2 grands yeux, composés de 4000 à 6000 facettes, ou ommatidies. Ils permettent à l'abeille une vision à presque 360° et une très bonne perception des mouvements.
- 3 petits, les ocelles, qui sont des capteurs de lumière polarisée. Ils permettent à l'abeille d'apprécier les variations d'intensité de la lumière, et donc de savoir où est le soleil, même sous les nuages.

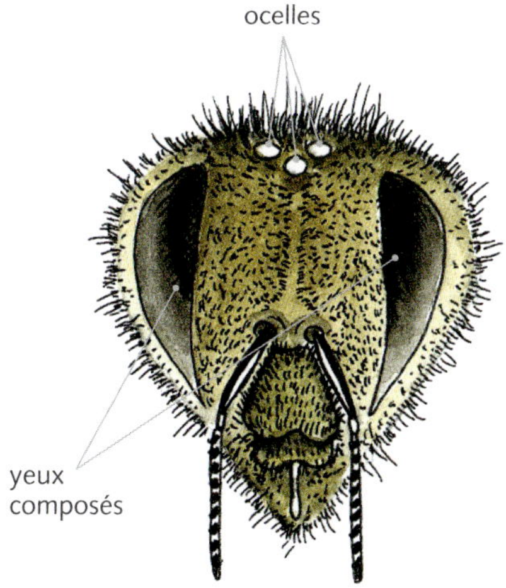

Des architectes hors pair

La forme du rayon est optimale et solide: un couloir hexagonal avec un fond composé de trois losanges, merveille de la nature. Un minimum de matériau pour un maximum de cellules !

- 1 kg de cire permet de construire 80000 alvéoles.
- Ce sont les antennes qui servent d'instrument de mesure.
- La construction est toujours démarrée du haut vers le bas.
- Un rayon de 40 g peut soutenir une masse de 2 kg de miel.

La structure hexagonale du rayon est la même que celle du cristal de silice, composant du verre, symbole de lumière.

LE CERVEAU

Le cerveau de l'abeille, de la taille d'une tête d'épingle (1/100 cm^3) contient environ 95000 neurones.

Dans un cerveau humain, qui tient entre les mains (1 100 à 1 400 cm^3), il y a en moyenne 100 milliards de neurones. La densité neuronale du cerveau de l'abeille est donc bien supérieure à la nôtre.

LES ANTENNES

Les antennes sont des capteurs extrêmement sensibles, qui servent à détecter et mesurer:

- les odeurs et les phéromones, très utilisées pour communiquer
- la température
- le goût
- le taux d'humidité de l'air et de CO_2
- les vibrations, ondes sonores, magnétiques...

Elles jouent aussi un rôle dans le sens du toucher, par contact.

Face à face avec une abeille

LES AILES

- 200 battements d'ailes/seconde.
- Vitesse de vol : 24 km/h.
- Les deux paires d'ailes se solidarisent en vol par des crochets, pour améliorer les capacités de vol.

LE DARD

Équipée d'un « vrai » harpon à lancettes barbelées, l'abeille ne peut pas dégager son aiguillon. Au moment de la piqûre, elle s'arrache l'extrémité de son abdomen et meurt. Elle se suicide pour défendre sa colonie.

Que faire en cas de piqûre ?

- Enlever le dard le plus vite possible pour que le venin ne se diffuse pas davantage.
- Ne jamais enlever le dard entre pouce et index, pour ne pas appuyer sur la poche à venin et s'en injecter encore plus. Gratter avec un ongle, un couteau, une carte de crédit, etc.
- Puis masquer l'odeur d'alerte laissée avec la piqûre (un peu de la fumée de l'enfumoir, ou une plante aromatique).
- Prendre quelques granulés homéopathiques : Apis mellifera ou Ledum palustre.
- Si besoin, un antihistaminique.
- En cas de réaction forte, ou de risque allergique, il vous faudra de la cortisone ou une injection d'adrénaline.
- Si vous ne vous sentez pas bien après une piqûre, consultez un médecin.

AILES

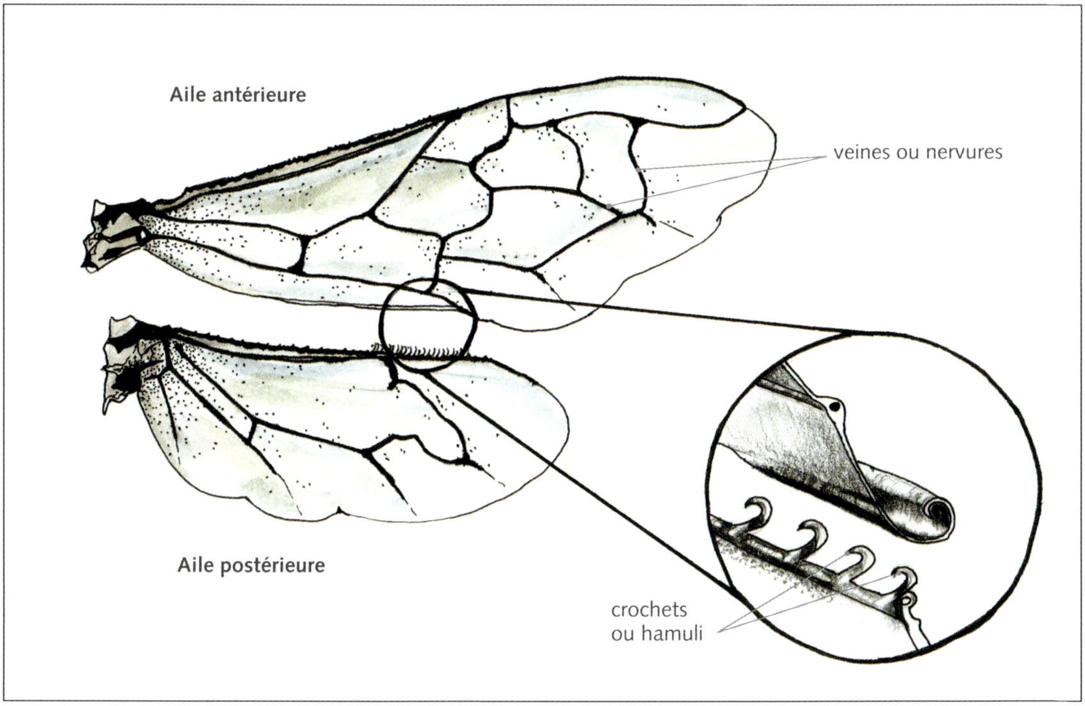

EXTRÉMITÉ DE L'ABDOMEN

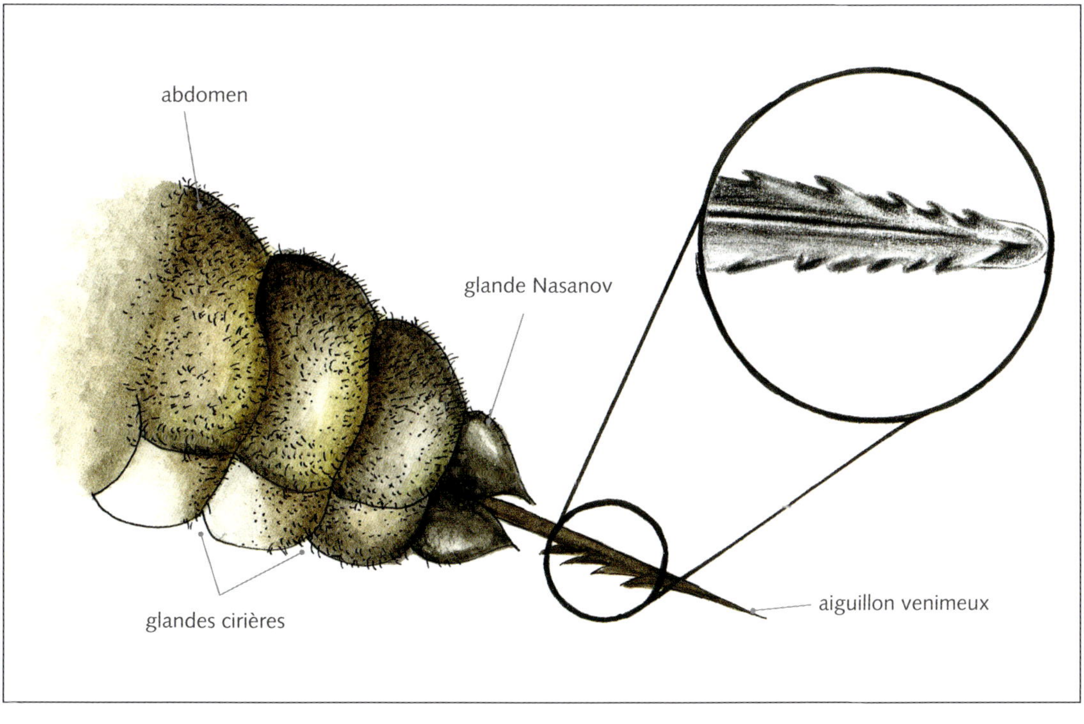

TROUVER DES ABEILLES

Cueillir un essaim 86

Acheter un essaim 89

TROUVER DES ABEILLES

Il n'y a pas d'apiculture sans abeilles. Mais comment fait-on pour s'en procurer? C'est la question qui revient le plus souvent quand on veut débuter en apiculture.

Il y a différentes façons de faire. Si vous avez de la chance, vous trouverez un jour un essaim accroché à une branche dans votre jardin. c'est rare, mais cela arrive, à condition qu'il y ait des ruches tout près, chez votre voisin.

Voici tout le petit matériel nécessaire à la récupération d'un essaim accessible. Pour les essaims en hauteur, il est bon de s'équiper également d'une échelle ou d'une perche télescopique.

Astuce

Si vous n'avez pas de grillage pour refermer la petite porte que vous avez coupée, une petite passoire et du scotch feront parfaitement l'affaire.

Par fortes chaleurs, il est bon d'avoir un grillage d'aération supplémentaire (dans le fond ou à l'opposé de la porte) pour permettre la circulation d'air et la respiration des abeilles !

Vous pouvez également vous inscrire sur internet, sur l'une des listes des cueilleurs d'essaims. Mais pour être certain de pouvoir débuter au printemps suivant, le plus sûr est de réserver un essaim chez un apiculteur ou dans le commerce.

Cueillir un essaim

Il n'y a pas de situation standard! En ville ou à la campagne, les essaims ne sont jamais les mêmes, ils sont plus ou moins grands et plus ou moins faciles à attraper...

Il y a malheureusement de moins en moins d'essaims sauvages dans notre environnement. Les colonies naturelles sont de moins en moins nombreuses, et les apiculteurs cherchent à perdre le moins d'essaims possible. Dites à un maximum de personnes que vous cherchez des essaims: pompiers, services municipaux, voisins et amis.

Préparez votre matériel pour cueillir un essaim:

- la tenue de protection et les gants
- un petit vaporisateur avec de l'eau
- une brosse a abeilles
- une petite scie pour éventuellement couper la branche
- un drap blanc, pour faciliter l'entrée des abeilles
- un carton dans lequel vous avez coupé un trou en bas d'une des faces
- et du scotch pour refermer le carton (et le grillage de la porte).

Si l'on vous appelle pour un essaim nu, accroché à une branche ou à un support quelconque, ne tardez pas! Il faut réagir vite, les abeilles de l'essaim sont

Un essaim peut comporter plusieurs dizaines de milliers d'abeilles. En pleine nature, il essaie de se poser dans un arbre en hauteur, mais en milieu urbain, il est parfois contraint de choisir des endroits improbables.

La plupart du temps, on secoue la branche avec l'essaim dans un carton vide, mais vous pouvez également fixer sommairement un cadre ou un demi-cadre (déjà bâti !), sur lequel les abeilles peuvent s'accrocher très facilement. Pour le transfert en ruche, il suffit de prendre le cadre avec l'essaim agglutiné et de l'insérer dans une ruche vide.

Apicultrice en train de balayer un essaim fraîchement cueilli, du carton dans une ruche kényane.

déjà en train de chercher un lieu de vie. La première chose à faire est d'empêcher l'essaim de partir sous vos yeux. Pour cela, il suffit de l'humidifier d'eau avec un petit pulvérisateur. Cela le « fixe » pour un petit moment (les abeilles pensent qu'il pleut, et ne partent pas sous la pluie…).

Puis, mettez un carton sous l'essaim et secouez la branche fermement. La grappe d'abeilles tombe dans le carton, que vous poserez au sol en le refermant par le haut et ouvrant la petite fenêtre découpée.

Si la reine est dans le carton, les abeilles qui restent vont la rejoindre dans le carton, le tour est joué. Mais si elle est restée sur la branche, les abeilles vont toutes quitter le carton et la rejoindre. L'essaim va se reformer, il ne vous reste qu'à recommencer.

S'il n'est pas possible de secouer la branche, utilisez une brosse à poils souples pour brosser l'ensemble des abeilles dans le carton.

Parfois, il est plus facile de couper la branche avec un sécateur et de la secouer au-dessus du carton.

Si vous ne pouvez couper la branche, étalez un vieux drap blanc en dessous pour faciliter l'entrée des abeilles tombées à côté du carton. Vous voilà avec votre premier « essaim nu » (sans cadres, ni réserves).

La mise en ruche: videz ensuite le carton dans la ruche, ou devant sur un plan incliné. Une ruche Warré, c'est toujours deux éléments superposés pour commencer, pour avoir le bon volume, suffisant mais pas trop grand. Puis mettez votre ruche, bien fermée, de préférence deux nuits en confinement dans une pièce fraîche et obscure, avant de la ressortir le surlendemain matin. Pendant ce laps de temps, les abeilles s'habituent à leur nouvel espace, commencent à s'installer, et se nourrissent du miel stocké dans leur jabot.

Quand vous les ressortirez, elles ne penseront plus à chercher une nouvelle demeure, et vous aurez fortement réduit le risque de désertion de la colonie.

Acheter un essaim

La demande d'essaims est tellement forte que certains apiculteurs se sont spécialisés dans la production d'essaims, qu'ils vendent le plus souvent sur cadres. Un essaim Warré sera fourni dans une boîte contenant huit cadres, avec couvain et miel.

Dès réception, transférez les cadres un par un dans votre ruche, en respectant l'ordre des cadres. Les cadres

Astuce

Le signe visuel que la reine est (normalement) dans le carton est que, autour de la « porte », les ouvrières battent le rappel. Elles lèvent l'abdomen en l'air pour ouvrir l'orifice de la glande de Nasanov, et diffuser par phéromones l'information : « Par ici ! Maman est dans la boîte ! ».

À droite : planche d'envol de deux ruches Warré. La ruche de gauche est équipée d'un système de nourrissement languette avec une bouteille à visser.

contenant du couvain, il n'y a pas besoin de mettre la ruche deux nuits en confinement, vous pourrez la mettre directement à sa place. Essayer toujours de privilégier des abeilles de races locales !

LES ESSAIMS FAITS OU CUEILLIS AU PRINTEMPS

Ces essaims doivent rarement, mais parfois, être nourris. Un essaim nu n'a par définition aucune réserve dans sa ruche. Il doit absolument butiner pour se nourrir. Mais si le temps n'est vraiment pas propice au moment où on l'installe dans le rucher (et cela arrive qu'il pleuve en mai et juin), il peut très vite mourir de faim. Ces essaims peuvent être nourris avec un équivalent nectar, soit du sirop de sucre. Le nectar sera donné avec un nourrisseur, ce qui évitera aux abeilles de s'y noyer. Il existe différentes formes de nourrisseur, du plus simple comme la languette, qui se visse sur n'importe quelle bouteille, au plus sophistiqué. Mais attention, le nourrissement au sirop n'est pas systématique !

Du sirop pour les abeilles

Le sirop de nourrissement sera élaboré à partir d'un sucre bien raffiné, blanc ou blond, pour être plus digeste. Il sera assez riche, 50/50, 1 kg de sucre dans 1 litre d'eau. Et il sera distribué à la dose de ½ litre tous les 2 jours. À ce niveau de distribution, il sera consommé directement, et ne sera pas transformé en miel de réserve. Pas de miel de maïs ou de betterave dans la ruche !
La distribution sera finie quand le retour des beaux jours permettra aux abeilles de s'autosuffire.

Ruche Warré avec demi-élément et nourrisseur en place

Rajout d'un peu de sirop dans un nourrisseur rond

SUIVRE LA COLONIE EN RUCHE WARRÉ

1re intervention au printemps : l'agrandissement 94

2e intervention, début octobre : l'hivernage 98

3e intervention, le deuxième printemps : l'essaimage 100

4e intervention, l'été : la récolte du miel 100

Maladies et problèmes 106

SUIVRE LA COLONIE EN RUCHE WARRÉ

Votre ruche étant maintenant peuplée, les abeilles vont vivre et la colonie se développer. Il va falloir intervenir de temps en temps, en fonction des besoins.

L'abeille, le rayon et le 14 juillet

À partir du 14 juillet, la croissance des cires est terminée, les rayons ne s'allongent plus. L'abeille a-t-elle fait sa révolution ? Non, mais c'est un animal solaire, qui obéit aux cycles de la lumière !

Après le 21 juin, solstice d'été, la ponte de la reine diminue, suivant en cela la durée des jours. Si bien que 21 jours plus tard, le 14 juillet, il y a plus de naissances que de pontes. Des cellules sont libérées mais ne sont pas réutilisées. Ce n'est donc plus la peine d'en construire d'autres, la croissance des rayons est terminée, ils ne s'allongeront plus.

1re intervention au printemps : l'agrandissement

Avec la ruche Warré naturelle à simples barrettes, la colonie se développe comme dans un tronc d'arbre. Les abeilles vont construire leurs rayons du haut vers le bas. Elles occupent d'abord le premier élément, puis passent au deuxième. Nul besoin d'ouvrir la ruche pour voir à quel moment il faut agrandir : l'évolution de la colonie est bien visible par les vitres à l'arrière. Les rayons ne sont pas construits de façon continue, ils s'arrêtent en bas de chaque élément pour redémarrer sur les barrettes de l'élément en dessous, si bien que les éléments resteront mobiles les uns par rapport aux autres.

Quand l'élément du bas est construit aux 2/3, il va falloir agrandir la ruche en ajoutant un élément par-dessous. Comme toutes les interventions sur les ruches, cela se fera par beau temps, quand les butineuses sont dehors, et bien protégé, avec l'enfumoir allumé. Cette opération d'agrandissement ne sera pas à faire après le 14 juillet, ce serait inutile.

Tout au long de l'été et de l'automne, les abeilles butinent autant qu'elles le peuvent, pour stocker un maximum de réserves avant l'hiver.

AGRANDIR UNE RUCHE

Agrandissement d'une ruche Warré. L'apiculteur soulève les éléments Warré (❶ et ❷) afin de pouvoir glisser un nouvel élement vide (❸) en dessous (et peut-être, après avoir soupesé et évalué le poids de miel de l'élément du haut (❶), procéder à la récolte de l'élément supérieur).

L'été, surtout le premier, vous êtes assez tranquille pour partir en vacances. Votre essaim enruché au printemps se développe parfaitement. Si vous avez fait l'agrandissement ou les agrandissements nécessaires du printemps, il y a peu de risque d'essaimage.

Basculement d'un élément sur une ruche Warré

Amusettes

Cellule royale

CONTRÔLER LE RISQUE D'ESSAIMAGE

Si vous utilisez des barrettes : basculez les éléments, pour observer l'intérieur et le bas des rayons, donc le niveau de construction. C'est toujours en bas des rayons que se trouvent les cellules royales d'essaimage, quand il y en a. Vous pourrez donc facilement voir si la colonie prévoit d'essaimer ou non. De façon très habituelle, les abeilles construisent en périphérie et en bas des rayons de nombreuses petites cellules rondes. Ce sont ces « amusettes » qui évolueront en cellule royale s'il y a ponte d'un œuf dedans.

Si vous utilisez des cadres ou des demi-cadres : sortez un rayon de la ruche, ce qui facilite énormément les observations.

OBSERVER LE COUVAIN

La zone où la reine pond est chauffée par les abeilles à 35 °C, pour que les œufs se transforment rapidement en larves, qui seront nourries par les ouvrières, puis en nymphes, avant de donner naissance aux jeunes abeilles. Ce chauffage par la colonie peut être assimilé à une couvaison, voilà pourquoi le terme « couvain » désigne la zone de ponte. Quand le couvain est ouvert, les œufs et les larves sont apparents et accessibles aux nourrices. Après l'operculation, le couvain est dit fermé : la nymphose a lieu dans des cellules fermées, bien protégées par un opercule de cire perméable à l'air.

Voir la reine ?

Il n'est pas très important de voir la reine, mais avec un peu de chance, vous pouvez l'observer ! Mais attention à ne pas l'écraser lors des manipulations.

Couvain avec cellules fermées et ouvertes

Couvain avec cellules fermées

Cellules de miel fermées et ouvertes

2e intervention, début octobre : l'hivernage

Avant que les abeilles ne se mettent en repos hivernal, il y aura une visite de contrôle à effectuer, début octobre :

- **D'abord, mettre un isolant sous le toit de la ruche.** C'est par le haut qu'il y a le plus de pertes de chaleur, et la colonie hivernera d'autant mieux qu'elle sera bien isolée du froid. Cet isolant pourra être laissé toute l'année, car il isolera également en cas de fortes chaleurs.

Coussin isolant

Collant rempli de sciure de bois et poche de candi

- **Ensuite, réduire l'entrée des ruches avec une barrière métallique anti-intrusion.** Cela limite les entrées d'air, mais surtout empêche les petits rongeurs de pénétrer à l'intérieur. Et c'est très important !

Pendant l'hiver, en grappe, les abeilles ne défendent plus l'entrée de la ruche, et de petits rongeurs peuvent avoir la mauvaise idée de venir passer l'hiver à l'abri. Ils hibernent, mais se réveillent régulièrement et mangent un peu d'abeilles, de miel et de cire. Au printemps, la ruche est morte. Cette portière métallique sera enlevée au printemps, quand la colonie commence à être bien active.

- Enfin, contrôler le poids de la ruche. Cela va permettre d'estimer le poids de miel stocké. La colonie a besoin de 10 kg pour passer l'hiver en bonnes conditions. Si elle n'a pas accumulé suffisamment de réserves, il faudra nourrir la colonic.

ISOLER LA RUCHE

Lors de l'achat de votre ruche, une petite planche est généralemenf fournie. Insérée en début d'hiver, par l'arrière, dans la partie basse (planche d'envol) de votre ruche Warré, elle isolera du froid en hiver. Cette planche est retirée à l'arrivée des beaux jours au printemps, et peut servir ponctuellement au comptage des varroas qui tombent (donc à surveiller l'infestation).

Pour bien isoler la partie haute de la ruche, vous pouvez rajouter un demi-élément juste sous le toit, ce qui vous laisse la place de poser éventuellement un paquet de candi pour le nourrissement et/ou un coussin rempli de sciure de bois non traité. Ce coussin peut rester toute l'année. Il absorbera l'humidité, isolera du froid en hiver, et protégera lors des fortes chaleurs d'été.

NOURRIR LES ABEILLES

L'un des principes de base de l'apiculture naturelle est que les abeilles consomment leur propre miel. Il n'est pas normal de nourrir les abeilles. Mais parfois, quand leur survie est en jeu, il n'y a pas à hésiter.

En début d'automne, par une belle journée encore chaude, vous pouvez peser le(s) dernier(s) élément(s) du haut pour évaluer leurs réserves de miel. Pour passer un hiver normal, une colonie a besoin d'environ 12-15 kg de miel.

Une colonie qui n'a pas assez de miel pour l'hiver va mourir de faim à une époque où tout butinage est impossible. Il faut lui ajouter du miel, ou un équivalent comme le sucre candi, vendu dans le commerce apicole.

Certains apiculteurs ajoutent par précaution toujours un paquet de candi. En pratique, il suffit de faire une ouverture dans le sachet plastique, et de le poser en haut de la ruche, sur les barrettes, ouverture vers le bas. Les abeilles vont d'abord consommer leur miel et, si elles arrivent tout en haut en fin d'hiver, mangeront le candi. Elles ne le consommeront que si leurs réserves sont insuffisantes, à la fin d'un hiver particulièrement long.

Un petit contrôle par une belle journée de février permettra de voir si tout va bien, s'il reste de la nourriture. Il est très important de bien refermer la ruche après la pose du candi, en ajoutant un petit cadre en bois.

EN HIVER

C'est la pause pour l'apiculteur! Vous devrez bien nettoyer et ranger le matériel. De temps en temps, juste en soulevant le toit, vérifiez si la colonie a terminé la poche de réserve candi mise en précaution, et remplacez-la au besoin.

Poche de candi non touchée

Candi bien entamé

Une colonie morte de faim : les dernières abeilles sont agglutinées, la tête dans les alvéoles pour chercher les dernières gouttes de miel avant de mourir de faim et de froid. Un apport de candi aurait peut-être permis de les sauver.

Ma ruche sous la neige

Si l'entrée de la ruche est fermée par la neige, les abeilles n'étoufferont pas. La neige est un excellent isolant et laisse toujours suffisamment passer d'air pour la survie de la colonie. Le problème peut se poser si un redoux fait fondre la neige et que l'eau de fonte gèle à l'entrée. Dans ce cas, prévoir un plancher aéré, qui ne sera jamais obstrué.

3e intervention, le deuxième printemps : l'essaimage

Au printemps, les colonies qui ont bien passé l'hiver se développent.
La ponte de la reine est importante, beaucoup d'abeilles naissent, et vient pour ces colonies le moment de la reproduction par essaimage (en mai-juin en région parisienne et en Normandie).
Un peu avant l'essaimage, la colonie a prévu le remplacement de la reine qui va partir. L'élevage des futures reines a commencé, on observe des cellules royales en bas des rayons. Et c'est juste avant la naissance de la première reine qu'aura lieu l'essaimage. La première reine née va tuer ses demi-sœurs dans leurs cellules, avant qu'elles n'en sortent (il ne faut qu'une seule reine dans la colonie).
Vous pouvez laisser vos colonies essaimer naturellement et chercher tous les jours s'il y a un essaim dans votre jardin. C'est possible mais très aléatoire, et peut poser des problèmes de voisinage en milieu urbain.

Il n'est pas bon de vouloir empêcher l'essaimage. En revanche, vous pouvez anticiper l'événement et déclencher l'essaimage de façon « artificielle », en divisant la colonie, dite « souche » en deux. Il suffit de prendre une 2e ruche (un plancher, deux éléments et un toit), de poser un élément vide sur la ruche à essaimer, d'enfumer et de taper sur les parois en montant.
Beaucoup d'abeilles montent dans l'élément haut, mais pas toutes : les butineuses sont dehors, et beaucoup de nourrices restent sur le couvain. Remettez cet élément à sa place et vous attendez une dizaine de minutes :

- si la reine n'est pas montée, les abeilles quittent la ruche et retournent chez elles
- si la reine est présente dans la nouvelle ruche, les abeilles restent avec elle, vous avez créé un essaim « artificiel ».

Placez cet essaim deux nuits en confinement, bien fermé, dans une pièce fraîche et obscure, et placez-le ensuite dans le rucher.

Si vous ne souhaitez pas de nouveaux essaims

Si vous avez assez de ruches, et que vous ne voulez pas en avoir plus, donnez ou vendez vos essaims pour permettre à quelqu'un de démarrer en apiculture.
N'essayez jamais d'empêcher un essaimage, ce serait aller contre l'instinct de reproduction des abeilles.

4e intervention, l'été : la récolte du miel

En général, on ne récolte pas la première année. Si l'année 2 a été propice et que vos abeilles ont bien travaillé, il doit y avoir dans la ruche plus de miel que ce dont elles ont besoin. Nous avons la grande chance que les abeilles aient un instinct d'amassage pour les réserves hivernales, et qu'elles ne se limitent pas. Dans ce cas, vous pourrez vous permettre de prendre l'excédent.
Au mois d'août, la ruche est maintenant constituée de trois éléments, parfois plus. Le miel est stocké en haut des ruches, la reine et le couvain sont en bas. C'est l'élément du haut, le plus ancien, où les cires sont les plus vieilles, que vous allez récolter.

LA POSE DU CHASSE-ABEILLES

Pour récolter le miel sans les abeilles, le plus simple est d'utiliser un chasse-abeilles, sorte de sens unique, que vous insérerez entre l'élément à récolter et le reste de la ruche.

CRÉER UN ESSAIM ARTIFICIEL

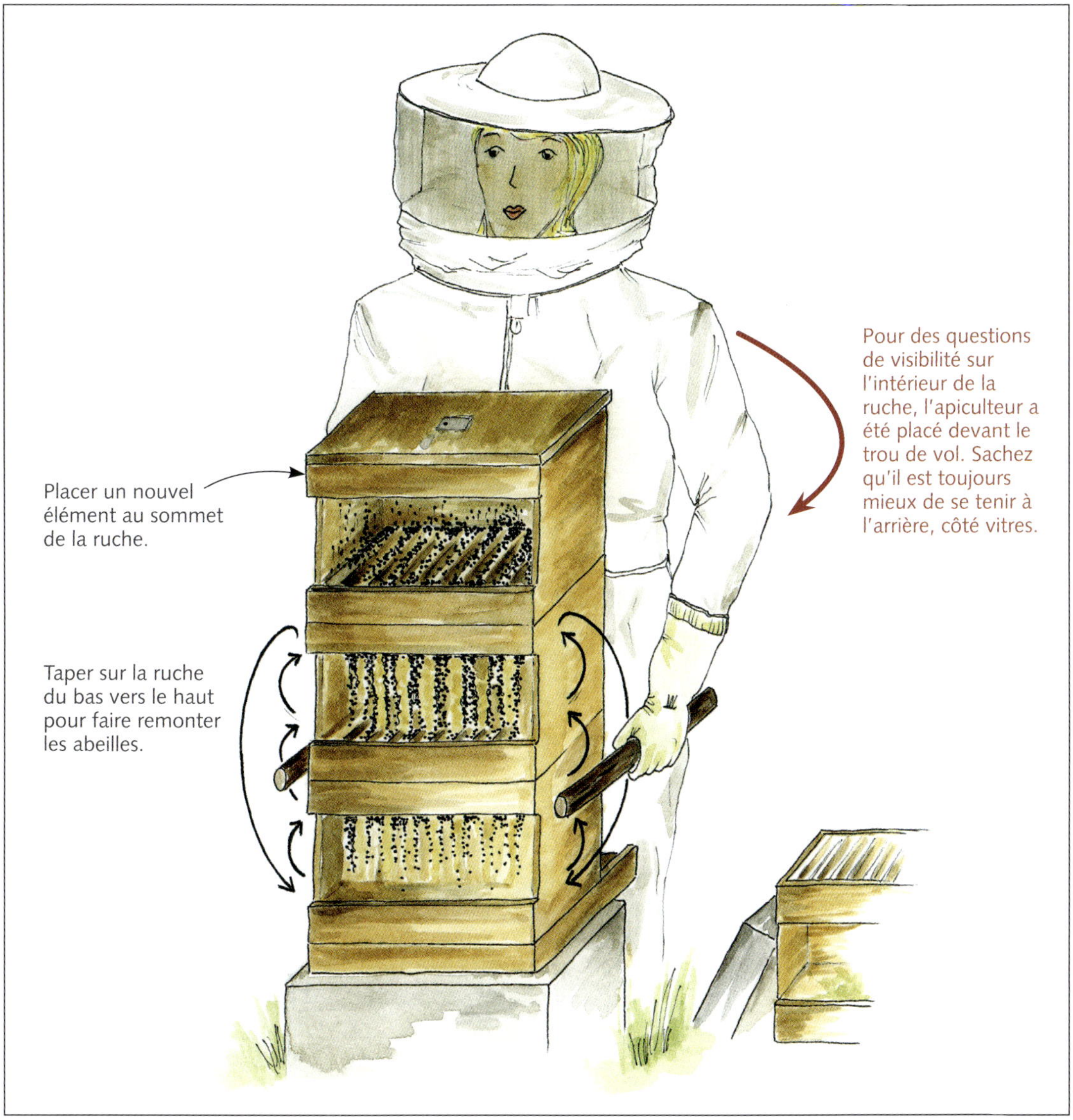

La miellée

Une miellée est une floraison très forte d'une plante dans la région. Des monocultures, des forêts de sapins, de tilleuls ou de châtaigniers, ou une plante très présente dans l'environnement peuvent générer des miellées quand elles fleurissent. En quelques jours, les abeilles peuvent rapporter d'énormes quantités de nectar dans les ruches.

Astuce

Pour une pré-séparation des éléments, qui sont collés par la propolis mais ramollis par la chaleur d'une belle journée, vous pouvez vous fabriquer une sorte de « fil à couper le beurre ».

LE PRINCIPE DU CHASSE-ABEILLES

Les abeilles descendent par le grand trou au milieu (visible à travers la grille), et sortent par les deux petits trous (au deux extrémités). Elles ne peuvent pas remonter par ces passages étroits. La circulation se fait donc dans un seul sens : du haut vers le bas. L'élément du haut se vide normalement en une nuit et il est prêt pour une récolte le lendemain.

Chasse-abeilles vue du dessous

La planche du chasse-abeilles doit être équipée d'une ceinture assez épaisse, afin de laisser un espace suffisant entre le haut des barrettes et la partie chasse-abeilles !

Chasse-abeilles en place entre le dernier et l'avant-dernier élément Warré. L'apiculteur montre l'un des éléments, quasi vidé de ses abeilles et prêt à être récolté.

Le chasse-abeilles permet facilement le passage des abeilles du haut vers le bas, mais rend difficile la remontée. L'élément du haut va progressivement se vider de ses occupantes. Le chasse-abeilles est préférable à la fumée, qui donne un mauvais goût au miel, au répulsif à abeilles, qui peut les faire fuir, ou au souffleur à feuilles, un peu violent.

Posez le chasse-abeilles un jour de beau temps. Le lendemain, vous pourrez enlever l'élément haut. Il doit être vide d'abeilles ou presque. S'il ne l'est pas, c'est certainement qu'il restait du couvain dans l'élément haut, et qu'il ne fallait pas procéder à la récolte. Remettez l'élément à sa place, et armez-vous de patience en attendant l'année suivante.

Si l'élément haut est presque vide d'abeilles, tout va bien. Contrôlez le poids de la ruche restante : s'il est trop faible, ne récoltez pas, remettez l'élément à sa place. Mais si après avoir enlevé l'élément haut, il reste assez de miel pour que la colonie ait ses 10 kg avant l'hiver, vous partirez avec un élément qui contient une dizaine de kilos de miel.

LA RÉCOLTE DU MIEL

Dans votre cuisine, fenêtres fermées (!), coupez les rayons dans un grand saladier, triturez-les et laissez le miel couler dans une passoire toute la nuit. Le lendemain, le miel sera dans le saladier et la cire dans la passoire. Vous pouvez presser la cire restante pour bien en extraire tout le miel, et la mettre dans un coin du jardin où les abeilles viendront prendre ce qui reste. Le miel pourra être mis en pots directement, ou après quelques jours, le temps que la décantation se fasse et

Bien conserver le miel

Veillez à ce que les rayons de miel soient bien operculés lors de la récolte.

Un miel non operculé est encore trop riche en eau, il peut fermenter. Bien operculé, il peut se conserver très longtemps.

Évitez de récolter par temps humide : le miel est hygroscopique, il peut se recharger en humidité si l'air n'est pas assez sec. Certains apiculteurs utilisent des déshumidificateurs dans leur miellerie.

« Gâteau de miel » prêt pour l'extraction du miel.

Plante très mellifère, le colza est très visité par les abeilles. Le miel de colza, très riche en glucose, cristallise très vite, parfois même dans la ruche. Il faut donc le récolter dès la fin de floraison, début mai, et le mettre en pots immédiatement.

RÉCOLTER LE MIEL D'UN ÉLÉMENT

Élément plein de miel, vu du dessus (barrettes) et du dessous (constructions de cires).

Utilisez un couteau pour vider l'élément de ces cellules de cire remplies de miel, puis coupez-le et écrasez-le dans une passoire domestique (un « écrase-pomme de terre » peut également être très efficace).

Cellule de cire presque vidée de son miel, qui s'écoule petit à petit dans le seau.

que toutes les impuretés et microbulles d'air soient remontées à la surface. La cire sera mise à fondre au soleil, dans un cérificateur solaire (« fait maison »), pour la nettoyer des différents résidus qu'elle contient. Avec cette cire, vous pourrez faire des bougies, des cosmétiques, de l'encaustique...

Avant le rangement des éléments vides, grattez le surplus de cire et passez le tout à la flamme d'un petit chalumeau à gaz domestique. Cela évitera le développement d'un papillon nuisible, la fausse-teigne.

1 kg de miel en chiffres

Un pot de 1 kg de miel représente pour l'abeille butineuse environ 40 000 km parcourus et 800 000 fleurs butinées !

Petite récolte dans divers pots de récupération

Rien n'est perdu ! On donne à lécher la cire avec les quelques restes de miel, et les abeilles le re-stockent dans les ruches...

Cas particuliers

L'agrandissement d'une ruche Warré se fait classiquement par l'ajout d'un élément en dessous. Mais en cas de miellée, ou de colza dans l'environnement, il faut agrandir par le haut, avec un demi-élément.
D'un volume plus petit pour ne pas refroidir la colonie, c'est dans ce demi-élément que les abeilles vont stocker le miel de colza, que vous récolterez dès la fin de floraison. S'il est plein en cours de floraison, il suffit d'en mettre un deuxième.
En cas de miellée, s'il n'y a pas de place vide au-dessus, le miel sera stocké aussi en bas de la ruche, sous le couvain ; le confinement du couvain risque de déclencher un essaimage. L'ajout du demi-élément permet aux abeilles de stocker l'abondance de nectar, sans confinement du couvain par le bas. Si le demi-élément est rempli sur une seule floraison, vous récolterez un miel monofloral.
Quand dans ce demi-élément les abeilles ont construit des rayons tout neufs pour y stocker le miel en excédent, la cire est toute blanche et n'a jamais servi à élever du couvain. Cette cire peut être mangée avec le miel, c'est le fameux « miel en rayons » ou miel en brèches, bien connu dans les pays du Sud. Le goût de ce miel en rayons est incomparable, aucun processus de récolte ne l'ayant dégradé.

Maladies et problèmes

Depuis plus de 15 ans, le taux de mortalité des abeilles est de 30 % par an au niveau national. S'il y a encore des abeilles en France, c'est que les apiculteurs ne cessent de faire de nouvelles colonies, par division ou élevage, et par achat de colonies à l'étranger. Le pire ennemi de l'abeille, c'est l'homme, qui, par ses pratiques apicoles parfois déraisonnables et ses pratiques agricoles intensives (pesticides), est redoutable. Les abeilles ne savent pas gérer les problématiques générées par l'homme.

L'apiculteur amateur fera tout pour maintenir ses colonies en bonne santé :

- des ruches adaptées à la biologie de la colonie, bien placées
- un environnement floral le plus sain et le plus dense possible
- une hygiène parfaite dans le rucher (ni achat ni échange de cires).

Le suivi sanitaire (le contrôle du varroa par comptage sous les ruches, par exemple) et le traitement avec des produits le plus naturel possible est évidemment fortement recommandé.

Pour vous aider à maintenir vos colonies en bonne santé, des Groupements de Défense Sanitaire Apicole (GDSA) existent dans chaque département.

LE VARROA

Le varroa est un acarien qui vit accroché à l'abeille adulte et se déplace avec elle. Il se nourrit en piquant à travers la cuticule de l'abeille, et ce faisant, transmet souvent des virus, dont le plus connu est celui des ailes déformées.

Pour se reproduire, la femelle varroa se fait enfermer avec une larve juste avant l'operculation, et pond ses œufs à l'abri, d'abord un mâle puis des femelles. Le mâle féconde ses sœurs, et quand l'abeille sort, bien affaiblie, il sort également plusieurs femelles varroa fécondées, qui cherchent aussitôt à se faire réenfermer pour pondre. La croissance de population du varroa est impressionnante.

Le varroa affaiblit grandement les colonies, et s'il est présent en grand nombre, il faut envisager un traitement. En apiculture biologique, des produits à base de thymol, acide

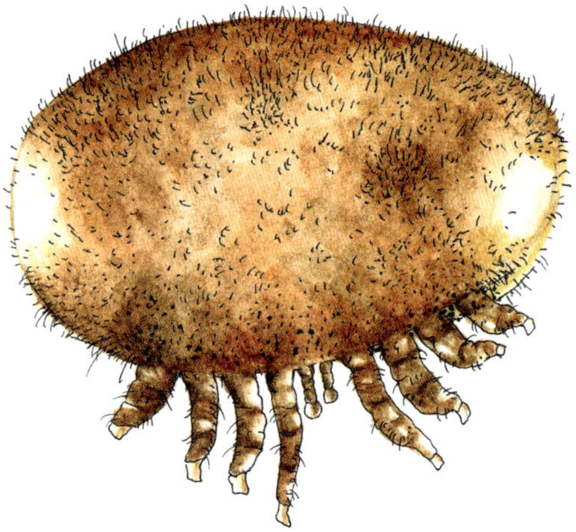

Varroa

Varroas sur une larve

formique ou oxalique sont autorisés. Le mieux étant bien sûr de réussir à élever des souches d'abeilles naturellement résistantes à ce parasite.

- **Le thymol** agit par évaporation. L'odeur forte qu'il dégage gêne la reconnaissance olfactive de la femelle varroa, qui a plus de mal à repérer les larves bientôt operculées. Se faisant moins enfermer, moins de femelles varroas pondent, et la pression prédatrice se réduit. En pratique, il faut imprégner des cartons d'une solution à base de thymol, et poser ces cartons tout en haut des ruches. Ils diffuseront le thymol pendant quelques jours. Ce traitement se fait habituellement après la récolte de miel, et pour être efficace, doit être renouvelé. Il est également possible d'utiliser du thymol dans des préparations du commerce, où il est mélangé à d'autres composés odorants.
- **L'acide formique** agit également par évaporation. La mise en œuvre est très proche de celle du thymol, et se fait aux mêmes périodes. Attention cependant à utiliser des gants et des lunettes de protection, voire un masque, car ce produit n'est pas anodin. L'acide formique agit directement sur les varroas phorétiques, c'est-à-dire ceux qui sont présents sur les abeilles, mais il a aussi la capacité à pénétrer dans les alvéoles operculées, atteignant ainsi les femelles varroas en train de pondre.
- **L'acide oxalique**, lui, n'a pas la capacité à pénétrer dans les alvéoles operculées. Il faut donc l'utiliser hors couvain, c'est-à-dire en hiver (décembre) ou en plein cœur de l'été s'il y a un arrêt de ponte. Il agit par absorbtion, il faut donc le mélanger à un sirop de sucre et le faire dégoutter sur les abeilles, qui vont le lécher et l'absorber. Très agressif pour l'homme, il est également agressif pour les abeilles. Ce traitement n'est à faire qu'une fois dans l'année.

Les ailes déformées sont l'un des signes d'infestation du varroa

Abeilles parasitées par le varroa.

Tous ces traitements doivent être faits avec précaution, car les produits utilisés sont dangereux. Notez ces interventions dans votre registre d'élevage, qui assurera une traçabilité des produits utilisés.

LES AUTRES MALADIES

Mycoses et nosémose

Les mycoses sont des maladies du couvain, qui apparaît souvent « plâtré ». Ces champignons se développent souvent dans des endroits trop humides et mal aérés. Des ruches saines et bien placées sont une condition d'hygiène absolue !

La nosémose est due à un petit protozoaire, *Nosema apis*, qui vit en parasite dans les intestins de l'abeille et cause des diarrhées. On constate des taches d'excréments sur la facade des ruches. Il n'y a pratiquement pas de traitement contre la nosémose, sauf des mesures d'hygiène préventives.

Insecticides, fongicides, herbicides...

Tant que l'homme sera en guerre contre la nature, et utilisera contre elle des armes de destruction massive, il ne faudra pas s'étonner qu'il y ait des mortalités fortes dans le monde du vivant.

Les herbicides, par exemple, détruisent les fleurs sauvages, et les abeilles sont donc moins bien nourries.

Les insecticides tuent les insectes avec une redoutable efficacité et ils empoisonnent la terre, l'air et l'eau, pour de nombreuses années. Les abeilles en meurent.

La seule solution viable pour la survie des colonies d'abeilles est de cesser le plus rapidement possible d'utiliser ces produits. C'est possible, il suffit d'une volonté forte de la part des décideurs. Et le consommateur peut influer largement sur ce débat, en privilégiant les filières bio, par exemple.

Frelon asiatique

Le frelon asiatique

On en parle beaucoup depuis qu'il a fait son apparition en 2004, importé par mégarde dans des poteries en provenance de Shanghai.

Cette sorte de grosse guêpe est bien reconnaissable aux extrémités de ses pattes en « bottes jaunes » et à son vol stationnaire. C'est un redoutable prédateur d'abeilles, qui peut décimer une ruche en très peu de temps !

Cet insecte sera impossible à éradiquer, il va falloir vivre avec. Dans l'état actuel de nos connaissances, seul le piégeage important des femelles fondatrices peut faire baisser sa pression de prédation. Il faut bien sûr effectuer un piégeage sélectif, et ne pas attraper tout ce qui vole !

Mulots et petites souris

En hiver, il faut absolument empêcher l'entrée de ces petits animaux qui pourraient détruire votre ruche. N'oubliez jamais de mettre les portières métalliques anti-intrusion, en octobre.

La fausse teigne

Dans toutes les ruches se trouvent quelques larves d'un papillon de nuit, la fausse teigne, qui se nourrit surtout des vieilles cires, les plus chargées en protéines. Si les abeilles trouvent ces larves, elles les tuent. Celles-ci ne peuvent donc vivre que cachées dans des recoins de la ruche.

Dans le cas où une ruche est très affaiblie, ou morte, les abeilles qui restent ne peuvent plus contrôler les larves de fausse teigne, qui se développent énormément, creusent des tunnels, en mangeant les cires et en tissant leurs cocons, de grands filaments blancs. Ce n'est pas la fausse teigne qui tue la ruche, c'est parce que la ruche était trop faible que la teigne s'est développée.

La fausse teigne pose souvent de gros soucis à tous les apiculteurs qui souhaitent garder en réserve des cadres bâtis, cadres de corps de ruche ou cadres de hausses.

Les loques américaine et européenne

Causées par des bactéries, les loques sont des maladies du couvain. Les abeilles adultes vivent très bien avec, mais les larves vont mourir : avant l'operculation pour la loque européenne, après l'operculation pour la loque américaine — c'est ce qui permet de les différencier.

Les loques, maladies bactériennes, sont évidemment très contagieuses, d'abeilles à abeilles, de ruches en ruches et de ruchers en ruchers. Ces maladies sont difficiles à éradiquer, les spores de loque pouvant vivre 40 ans en milieu extérieur avant de se redynamiser. C'est donc une maladie à déclaration obligatoire, déclaration à effectuer auprès du GDSA (Groupement de Défense Sanitaire Apicole) de votre département.

Les moyens de lutte ne sont pas très nombreux, les antibiotiques étant heureusement interdits (sauf en Chine et aux États-Unis), il faut bien souvent détruire les colonies trop infestées.

Mais comme l'a dit Claude Bernard, en opposition à Louis Pasteur, « Le microbe n'est rien, le terrain est tout ».

Pour se nourrir de cire, de miel et de pollen, la larve de la fausse teigne creuse des galeries (tapissées de soie) dans de vieilles cires.

Grande infestation de larves de « fausse teigne »

LE « TEST DE L'ALLUMETTE »

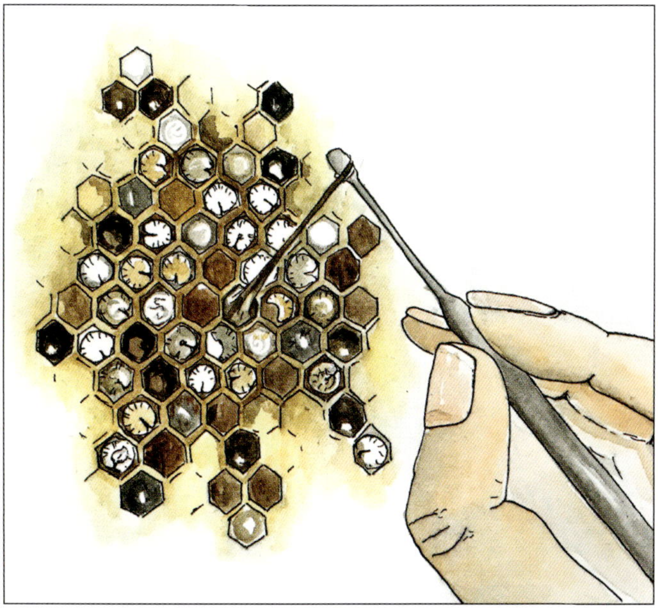

Pour différencier la loque américaine de la loque européenne, qui se ressemblent beaucoup, le « test de l'allumette » s'impose : on introduit une allumette dans l'alvéole contenant une larve. Quand il s'agit de la loque américaine, on peut étirer un long fil visqueux. Dans les deux cas, le couvain est irrégulier, en « mosaïque ». Les larves sont mortes et pourrissent en changeant de couleur (jaunâtre puis marron). Une odeur désagréable et aigre se dégage.

Le meilleur moyen de lutter contre ces maladies est donc de maintenir la bonne santé des ruchers :

- garantir une bonne hygiène des ruches
- laisser les abeilles construire elles-mêmes leurs cires
- fournir un environnement floral bien garni
- laisser les abeilles se nourrir de leur propre miel
- ne pas réutiliser de vieilles cires
- ne pas laisser de ruche morte abandonnée au pillage (c'est un gros vecteur de maladies).

Le pollen,
toutes les couleurs dans la nature

Pollen jaune

Pollen orange

Pollen rouge

Pollen blanc

Pollen stocké dans les alvéoles

Pollen récolté

INDEX

A
abeilles sociales 8
ailes 82
alimentation 72
allergie (au venin) 12
anatomie 80
andrènes 8
antennes 81
apiculture bio 18

B
barrettes 26
brosse 15

C
cadres 26
cerveau 81
chasse-abeilles 102
—: pose 100
cire 17
collètes 8
colonie 52
—: cycle de vie 60
communication 77, 79
couvain 96

D
danse circulaire 78
— en 8 (danse frétillante) 78
dard 82
DDPP 12

E
eau 72
enfumoir 15
essaim: achat 89
— artificiel 101
—: cueillette 86
essaimage 96, 100

F
formation (à l'apiculture) 22
frelon asiatique 108
fumée 15

G
gants 15
gelée royale 17
glande de Nasanov 79

H
hiver 99
hivernage 98
hôtels à insectes 46

L
lève-cadres 15
loi 44
loque américaine 109
— européenne 109

M
mâles 59
matériel (coûts) 13
mégachiles 8
miel 16
—: récolte 100, 103
miellat 16
miellée 101
mycoses 108

N
nectar 75
nosémose 108

O
ouvrières 55
— d'été 56
— d'hiver 56

P
piqûre 18, 82
pollen 16
—: récolte 72
pollution 18, 55
propolis 17
—: récolte 76

R
reine 52
ruche: agrandissement 94
— kényane 38
— tronc 42
— TBH 38
— Warré 24
— — horizontale 32

S
sirop de nourrissement 90
sucre candi 99

T
tenue (apiculteur) 13
Top Bar Hive (TBH) 38

V
varroa 106
venin 17

Y
yeux 81

Remerciements

Les auteurs remercient toutes celles et ceux qui, dans le monde, œuvrent à une meilleure connaissance de l'abeille et ont des pratiques apicoles respectueuses. Nos échanges sont toujours riches d'enseignement. Merci à Jan Michaël pour son investissement dans le site www.rucherecole.fr

Merci à Alyssa Jos, pour ses dessins originaux qui illustrent cet ouvrage.

Merci aux éditions Ulmer d'avoir permis la réalisation de ce livre, et un grand merci à vous, chers lecteurs, de vous y intéresser.

Crédits photographiques

Toutes les photos sont de Diane Jos, sauf :

- Bios : 19 haut, 28, 29 bas, 42 gauche, 47, 58, 71, 103 bas, 108, 109 haut droite.
- Fotolia : 10-11, 20-21, 42 droite, 50-51, 84-85, 92-93, 110 (3 photos) haut gauche et bas.

Illustrations : Alyssa Jos.

24, rue de Mogador
75009 Paris
Tél. : 01 48 05 03 03
Fax : 01 48 05 02 04
www.editions-ulmer.fr

Réalisation : Julia Verneau
Suivi éditorial : Raphaèle Dorniol
Impression : Printer Trento Srl
ISBN : 978-2-84138-858-5
N° d'édition : 858-02

Dépôt légal : avril 2017
Printed in Italy

FSC www.fsc.org MIXTE Papier issu de sources responsables FSC® C015829

Bibliographie

« La Hulotte », n° 28-29, Spécial mouches à miel, 1986.

Albouy V., *Abeilles sauvages, les connaître, les accueillir, les protéger*, Delachaux et Niestlé, 2016.

Albouy V., *Des abeilles au jardin : petit traité d'apiculture atypique à l'usage des amis des abeilles*, Edisud, 2012.

Bertrand B., *Ruches de biodiversité*, éditions du Terran, 2015.

Bonnier B., de Layens G., *Cours complet d'apiculture*, Belin, 1897.

Boyer P., *Abeilles sauvages*, Ulmer, 2015.

Chandler P., *The Barefoot Beekeeper*, autopublié, www.biobees.com, 2007.

Chaudière M., *Apiculture alternative*, Le Décaèdre, 2003.

Collectif, *Le traité Rustica de l'apiculture*, Rustica, 2011.

Collectif, *Rencontre avec les abeilles*, éditions Mouvement de culture biodynamique, 2010.

Denis G., *La ruche Warré*, www.ruche-warre.com, 2008.

Duprez O., *Élever des abeilles en ruche Warré*, Rustica, 2016.

Heaf D., *Une ruche respectueuse des abeilles, la ruche Warré*, éditions du Terran, 2016.

Javaudin P., *Une ruche dans mon jardin*, Larousse, 2016.

Maeterlinck M., *La vie des abeilles*, éditions Transatlantiques, 1892.

Reeb C., Silberfeld T., *Guide des plantes mellifères*, Delachaux et Niestlé, 2013.

Riondet J., *L'Apiculture mois par mois*, Ulmer, 2010.

Socha P., *Abeilles*, Martinière jeunesse, 2016.

Storch H., *Au trou de vol*, éditions Européennes Apicoles, 1987.

Tautz J., *L'Étonnante abeille*, de Boeck, 2009.

Tourneret E., *Les routes du miel*, Hozhoni, 2015.

von Frisch K., *Vie et mœurs des abeilles*, Albin Michel, 1969.

Warré abbé, *L'Apiculture pour tous*, Coyotte, 1948.